JN234035

吉原耕一郎

チンパンジーにハマった！

YOSHIHARA KOUICHIROU

NHK「課外授業 ようこそ先輩」
制作グループ＋KTC中央出版［編］

吉原耕一郎　チンパンジーにハマった！

もくじ

PROFILE

吉原耕一郎

よしはら・こういちろう　（多摩動物公園飼育係）

一九四五（昭和二〇）年、東京都生まれ。山の手のお屋敷《やしき》町・自由が丘の片隅《かたすみ》の「原っぱ」をホームグランドに、小学校時代を過ごした。今回の授業が行われた目黒区立緑ヶ丘小学校である。

「昆虫《こんちゅう》と自然大好き少年」だった。小学校四年のとき、階段から落下し、背中を打撲《だぼく》。外傷性肋膜《がいしょうせいろくまく》炎《えん》になり、一年間休学した。そのときに、『ファーブル昆虫記』や『シートン動物記』など、毎日読書にふけった。

幼稚園のころから、将来、動物学者か動物園の飼育係《しいくがかり》になりたいと思っていた。

千葉大学文理学部を卒業後、東北大学大学院理学研究科修士課程を修了。専攻は、動物生態学《どうぶつせいたいがく》で、「鹿《しか》とその糞《ふん》」を研究した。

一九七一（昭和四六）年、東京都多摩《たま》動物公園に入り、シカ・クマなどを担当。ところが、クマの飼育中にクマに張り飛ばされ、以後腰痛《ようつう》になる。

これがきっかけで、翌年《よくねん》、チンパンジー飼育係に担当が変更。そこで、チンパンジーとの相性《あいしょう》の良さを発見、チンパンジーにはまり、以後約三〇

年にわたり、チンパンジーとつき合ってきた。

多摩動物公園には、〇歳から四三歳まで二一頭のチンパンジーの群れが村をつくって暮らしている。この集団の規模は、野生の群れと同規模で、これだけのコミュニティーの飼育に成功した例は、世界でもまれである。

このチンパンジー村を長年にわたり担当してきた吉原さんは、日本のチンパンジー飼育者の第一人者であるとともに、チンパンジーの最大の理解者でもあると言える。

著書には、『わが友ジョーとその一族』（朝日新聞社、一九八三）、『ぼくチャーリー』（東京動物園協会）、『無名のものたちの世界Ⅳ』（共著・思索社）、『チンパンジー物語』（新日本出版社、一九八九）、『ボス交代——多摩チンパンジー村の30年』（日本放送出版協会、一九九九）などがある。

プロローグ

チンパンジーとの心の会話

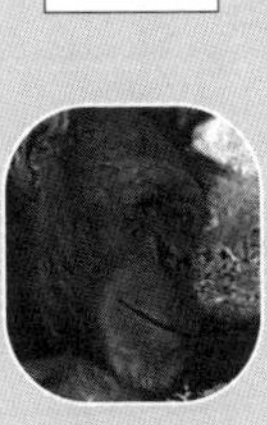

「課外授業ようこそ先輩」は、いろんな方面の仕事で活躍する、それぞれのベテランが母校の小学校を訪ねて、自らの仕事と人生を後輩の小学生に披露《ひろう》するＮＨＫのテレビ番組。本書の先輩は、東京都多摩動物公園の飼育係として、三〇年にわたりチンパンジーとつき合ってきた吉原耕一郎さん。そのプロフィールは、前ページに紹介した。授業の場は、東京都目黒区立緑ヶ丘小学校（学校の紹介は二〇一ページ）。

本書では、放送収録部分以外の取材ビデオから、多くの未放送場面を本書のために採録した。まずは、授業中に、子どもたちからの「飼育係としてつらい思いをしたことは？」という質問に吉原さんが答えたエピソードを、本書のプロローグ（前書き）に代えて紹介したい。

以下、本文中に出てくるデータは、特に現在のデータが必要な場合以外は、原則的に放送時（一九九九年二月）のままにしてある。

ジャーニーお母さんが赤ちゃんを離さない

ジャーニーさんというお母さんチンパンジーがいます。彼女は今まで一〇人の赤ちゃんを生みました。（系図六二ページ参照）ナナちゃんという子の一つ前に生まれた子が、二週間目で死んだことがありました。

わたしが、朝、出勤《しゅっきん》して「おはよう」と言いに行ったら、若い飼《し》育係《いくがかり》の人が飛んできて、

「大変です。ジャーニーさんの赤ちゃんの具合が悪いようです」

と言うんです。

それで、ジャーニーさんの部屋へ行きました。ジャーニーさんは

ジャーニーさん

赤ちゃんを抱《だ》いていました。ところが、赤ちゃんの片方の手がダラーンと元気なく垂《た》れ下がっているんです。初め、赤ちゃんを触《さわ》ったら、冷たかった。でも、赤ちゃんの体をあちこち触っていったら、まだ背中は温かかった。

急いで獣医《じゅうい》さんに連絡して、酸素吸入《さんそきゅうにゅう》とかいろいろなものを用意してもらいました。

それで、わたしはジャーニーさんに言いました。

「ジャーニーさん、見てごらん」

そうするとジャーニーさんは、抱いている赤ちゃんを見ます。

「どう? 赤ちゃんの具合、悪いみたいでしょ?」

ときくと、ジャーニーは下を向いて赤ちゃんを見ます。

「じゃあ、お父さんにその赤《あか》ん坊《ぼう》をかしてください。治療《ちりょう》するから」

ジャーニーはしばらく考えてから、突然、赤ちゃんをわたしにヒョイっと差し出しました。

わたしは下からすくうようにしてその赤ん坊を受け取ろうとしま

した。すると、ジャーニーは手は差し出したまま引っ込めないんだけど、「ギーッ」ってすごい顔をするんです。渡《わた》したいんだけど、母親の気持ちとしては手渡せない。しょうがないから、

「ジャーニーさん、赤ちゃんを床に置いてください」

とお願いしました。ジャーニーは赤ちゃんを床に置いてくれました。

それで、わたしは急いで赤ん坊をだっこして、

「お母さんは少しさがってちょうだい」

そうしてわたしは、赤ん坊を抱いて檻《おり》から出ようとしたら、このジャーニーお母さんが体中の毛を逆立《さかだ》ててすごい表情で飛びかかってきたんです。

「もう、だめだ」と思いました。握力《あくりょく》が二七〇キロもあるチンパンジーですから。あんなに怒《いか》り狂《くる》ったチンパンジーにガッてやられたら、いっぺんに引き裂《さ》かれてしまう。

ところが、ジャーニーの手が伸《の》びて、摑《つか》んだのはわたしの体ではなく鉄格子《てつごうし》の扉《とびら》でした。「出ちゃだめ！」というんです。

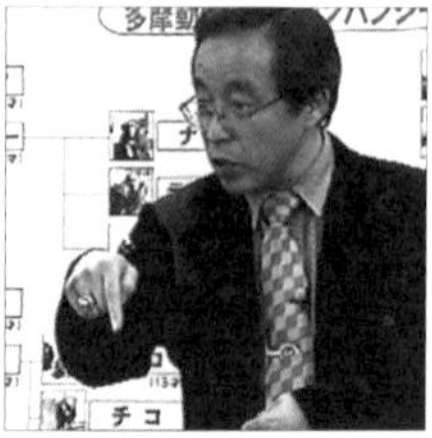

「赤ちゃんは何とかしてほしいんだけど、連れて出てはだめだ」というんです。

「こんなことをしてたら赤ちゃんが死んでしまうから、お願いだから後ろにさがってください」

と言い、今度はジャーニーを見たまま、後ろ向きで鉄格子の扉をそーっと開けて出ようかなと思った瞬間《しゅんかん》に、やっぱりジャーニーが飛んできて鉄格子をグッと摑むのです。

　握力が二七〇キロもあるお母さんチンパンジーが、満身《まんしん》の力を込めて摑んでいる鉄格子の扉なんて、絶対に人間には開けることも閉めることもできません。

「こんなことしてたら、本当に赤ん坊、死んでしまうから、ジャーニーさんは奥にさがっていてください」

と頼んだら、ジャーニーは後ろにさがって、そこにあった毛布《もうふ》を頭からヒュッとかぶってうずくまってしまいました。

　その間にわたしは赤ん坊を抱いて急いで檻を出て、隣《となり》で待機《たいき》して

赤ちゃんを返して

いた獣医さんに「何とかして」と手渡しましたが、残念ながらこの子は肺炎《はいえん》ですでに死んでいました。

わたしは赤ん坊を持たずに、ジャーニーの檻の前に戻りました。見たら、ジャーニーは部屋の奥で毛布から首だけ出してこちらを見ていましたが、わたしが来たとたんに毛布を払いのけて、鉄格子のところまで走って来ました。そこで何をしたかというと、そこにパッと正座《せいざ》をして、「わたしに赤ちゃんを返してくれ」。もう頭をペコペコ下げて「返してくれ」と。

赤ちゃんは死んでしまって、わたしは持っていないわけです。そういうときは本当につらいです。何てお母さんに言ったらいいんだろう。「ジャーニーさん、あの子は死んでいたんだよ」ということを、それから何日もかけて説明するわけです。

生まれてきた子は、生後《せいご》二週間で、まだ名前がなかった。たまたまその朝に見た新聞の見出しに「ナンシー」というのがあったもんだから、「ジャーニーさん、名前はナンシーにしよう。大事に葬《ほうむ》るからね」と話して聞かせました。

それから何か月もかけてそのことを説明して、たぶんジャーニーさんもわかってくれたんだろうと思います。

飼育をしていて、こういうふうに赤ちゃんが死んだりしたときは、非常につらくてさびしいです。

でも、これは、飼育係であるわたしと、チンパンジーのジャーニーさんとの心の会話です。そういう会話ができるようになると、大きな体の彼らの中にも入っていくことができて、飼育係としてのかけがえのない大きな喜びになるのです。

授業❶

チンパンジーってどんな動物?

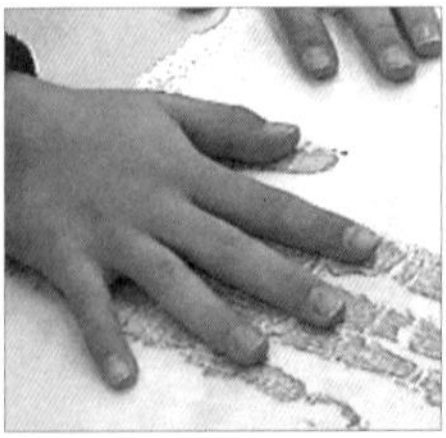

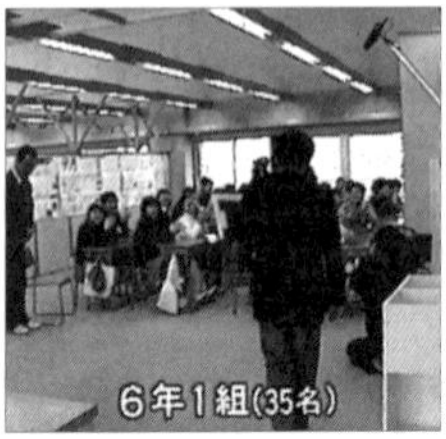

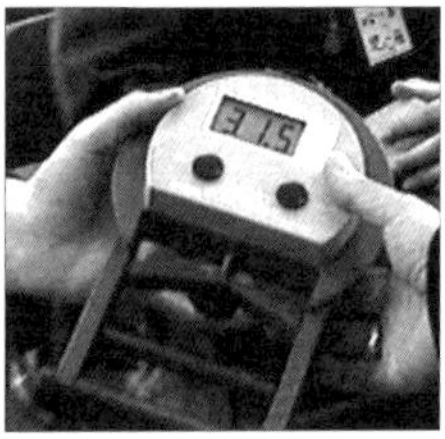

　チンパンジーは、わたしたちにとってポピュラーな動物なようでいて、実は、あまり知識が正確ではない。例えば、大きさ一つでも、テレビなどに登場するのは、ほとんどが六歳以下で、大人のチンパンジーの体格と握力の強さには、教室でも驚きの声が上がった。

　ヒトとチンパンジーのDNAの比較では、九九・六パーセントが同じ。このDNAの類似は、ウマとシマウマの近さよりヒトとチンパンジーとの方が近い。だから、知能も想像以上だ。授業の一時間目は、まずこのチンパンジーに関する基礎知識から始まった。

チンパンジーは「類人猿《るいじんえん》」

チンパンジーの握力《あくりょく》はすごい

吉原　おはようございます。わたしは、多摩《たま》動物公園の吉原《よしはら》と申します。チンパンジーの飼《し》育係《いくがかり》をしています。飼育係というのは不思議なもので、だんだん飼《か》っている動物に自分が似てきます。

　うちの奥さんに「お父さんの動作は非常にチンパンジー的だ。今日は後輩の前でしゃべるのだから、人間らしくしゃべってきなさい」と言われて出てきました。今日はチンパンジーのことをいっぱいしゃべろうと思います。

　みんなはチンパンジーって、知ってますか？　どんな動物ですか？　意外と知らないんじゃないかな。

男子　毛深い。

男子　サルでしょ？

吉原　サルじゃないんだな、チンパンジーは。
男子　体が大きい。
吉原　どこに住んでいるの、野生のチンパンジーは？
男子　アフリカ。
吉原　そう。チンパンジーはみんなが考えてるよりも、ずっと大きな動物なんだよ。チンパンジーの大人って体重は何キロぐらいあると思う？　だいたい六〇キロから八〇キロぐらいかな。
男子　（体格のいい男子）じゃあ、おれと同じぐらいだな。
吉原　君は、握力はどのくらいある？（吉原さん、握力計を男子に手渡す）
いい体格してるね。
男子　（握力計を握りしめて）えいっ、うゃー。あ、これだけしかない。
吉原　（握力計を受け取って）三一キロか。担任の矢野先生は、チンパンジー並みかな？
矢野　（担任の先生も握力計に挑戦）四六キロ。
吉原　チンパンジーがこうやってものを握る握力というのは、メスで二七〇キロ！
子どもたち　うわー！

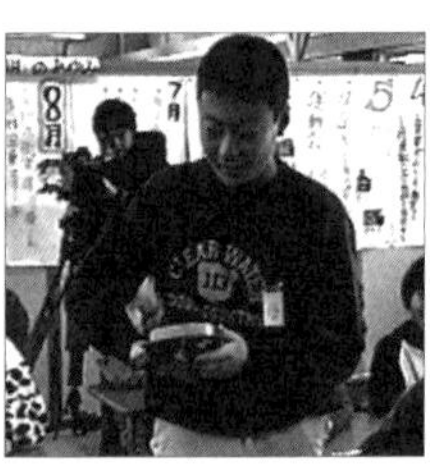
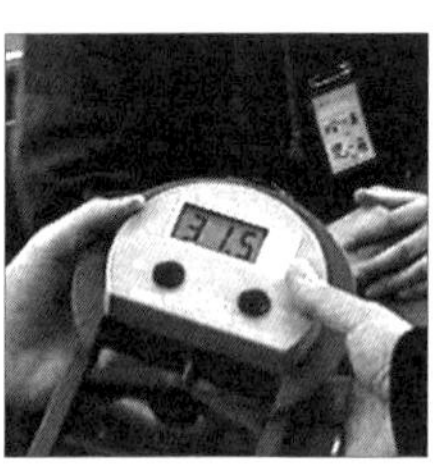

えいっ！（握力計は三一キロ）

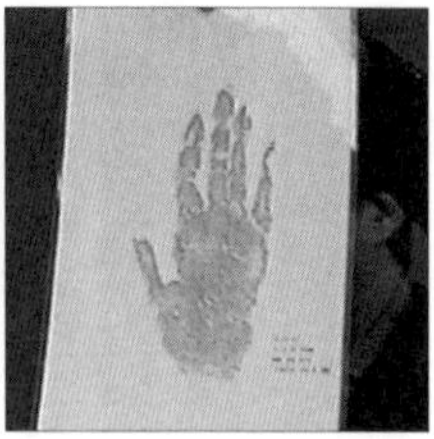

(1)チンパンジーの手形

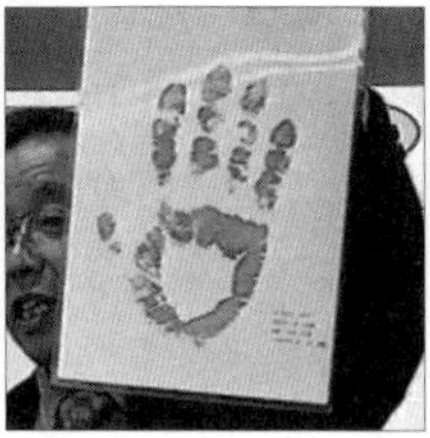

(2)ゴリラの手形

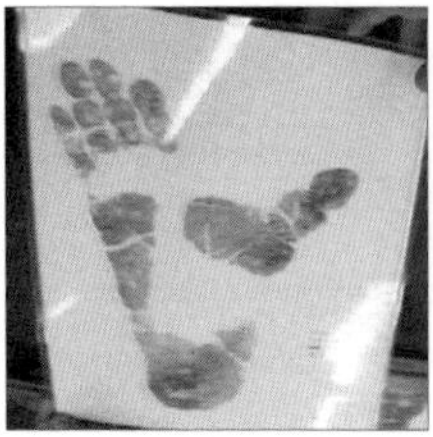

(3)ゴリラの足形

吉原　すごいでしょ。オスだと三〇〇キロくらい。みんなは知らないけど、チンパンジーはものすごい力を持っているんだよ。

チンパンジーとゴリラの手

吉原　今日はチンパンジーの手形を持ってきました。(手形を見せる(1))これが大人のチンパンジーのメスの手形。ようく見て。比べてみて。

こっちがゴリラの手形(2)。これはまだ若い子で、一〇歳で体重が一五〇キロ。サルタンっていう名前なの。これは人間に非常に似ているでしょう。握力は五〇〇キロぐらいもあるの。

それとこれは(3)、同じゴリラの足形。みんなの足とどこが違う？

子どもたち　親指。

吉原　そう、親指のところが、開いてる。なんで開いているかというと、人間の手と同じように、足でも、ものが摑《つか》める。

この二つの手形を見比べてください。(1)がチンパンジーで、(2)がゴリラ。君たちの手に似ているほうはどっちかな？

子どもたち　ゴリラ。

吉原　チンパンジーの手のほうが親指が小さいでしょ。それから少し横を向いているね。それはなんでかな？　ゴリラとチンパンジーはどうして違ってくるのかな、同じような格好をしているのに。

男子　住むところが違う。

吉原　そうだね。どう違うの？

男子　木の上。

吉原　そう、木の上で暮《く》らすのがチンパンジー。木の上で暮らすようになると、だんだん親指が小さくなって横を向いてきます。理由はわかるよね。枝から枝へ飛び渡っていくときに、親指が人間のようについていると突き指しちゃうから。だから親指が横を向いている。そして残りの四本が非常に長い。

　だからチンパンジーは人間みたいに親指と他の指を合わせてものをつまむことができない(4)。ものをつまむときは、人差し指と中指でつまむ、あと親指と人差し指の付け根でつまむ。(5)

横向きについてます

中央(4)左(5)

チンパンジーの大きさ

教室にチンパンジーの等身大《とうしんだい》のパネルが用意された。

吉原　チンパンジーはふだんは四つ足で歩いているから、立ち上がって腰《こし》が伸《の》びると一六〇センチぐらいになるかな。

男子　おわーっ、でっかい！

吉原　これが（パネルのいちばん左）、子ども。みんながテレビで見るのは、だいたいは子どものチンパンジーです。六歳以下の子どもばっかり。大人になると、今言ったように握力が二七〇キロ以上になるから、危険《きけん》でとてもショーとかテレビとかには出られない。

子どもは顔が肌色《はだいろ》をしているでしょ。大人になるとだんだん顔が黒くなる。手足も子どものときはピンク色している。

それとこれ（左から三番目）を見てもらうとわかるんだけど、チンパンジーって、手をどうやって地面についている？

男子　こうかな。（げんこつにして机《つくえ》についてみる）
吉原　そうだね。「ナックルウォーク」といってこういうふうに歩く。それと、チンパンジーは手首が外側に曲がらない。

ナックルウォーク

「九」まで数えられる

吉原　体が大きいから誤解《ごかい》があるんだけど、頭も非常にいいんだよ。チンパンジーは数を数えることもできます。どこまで数えられるかわかりますか？
子どもたち　一〇〇。一〇〇〇。
吉原　そんなにはいかない。例えばチンパンジーに赤鉛筆《あかえんぴつ》を六本見せると、まず、「赤」というマークを押して「鉛筆」というマークを押して、そしてじーっと数えて「六」と押すことができます。
チンパンジーは、九までものを数えることができる。で、一〇になるとわかんなくなっちゃう。だから、一〇本以上をチンパンジーに見せると、「いっぱい」って答えます。
みんなは「十進法《じっしんほう》」というのがわかっていて、「一〇の次は一一」ということがわかっているでしょ。ところが、チンパンジーはそこがわからないらしいの。九までは数えるんだけど、

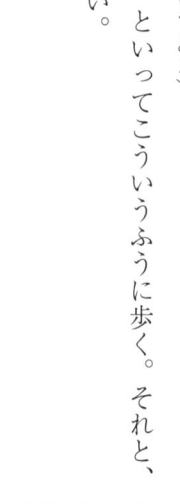

一〇になると「一」と「一〇」にばらばらになっちゃうんだ。

チンパンジーの知能《ちのう》テスト

チンパンジーに、今みんなに配ったような知能テストをします。テーブルの上に絵が置いてあります。その絵には何か欠《か》けているところがあります。例えば、芝生《しばふ》があって、芝生に水道の水をまこうとしているんだけど、ホースから水が出ていないという絵。それから、タバコをくわえているんだけど、火が点《つ》いていない。そういう絵をチンパンジーの前に置きます。そしてチンパンジーに蛇口《じゃぐち》をひねって水が出ている絵とライターで火を点けている絵を持たせると、チンパンジーは絵に合う方に正しく置きます。

それからヨットがテーブルの上にあったり、テーブルの横にあったり、下にあったり、マストが折《お》れてテーブルの上にあったり、テーブルの下にあったり、そういう一連の絵を見せます。それで「テーブルの下の壊《こわ》れたヨットはどれ？」とききますと、チンパンジーは絵をじーっと見て、「お、これだ」と指さすことができます。

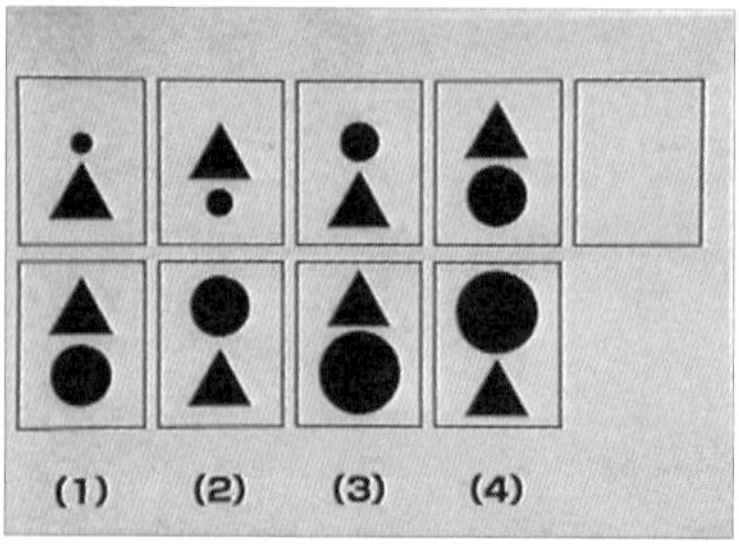

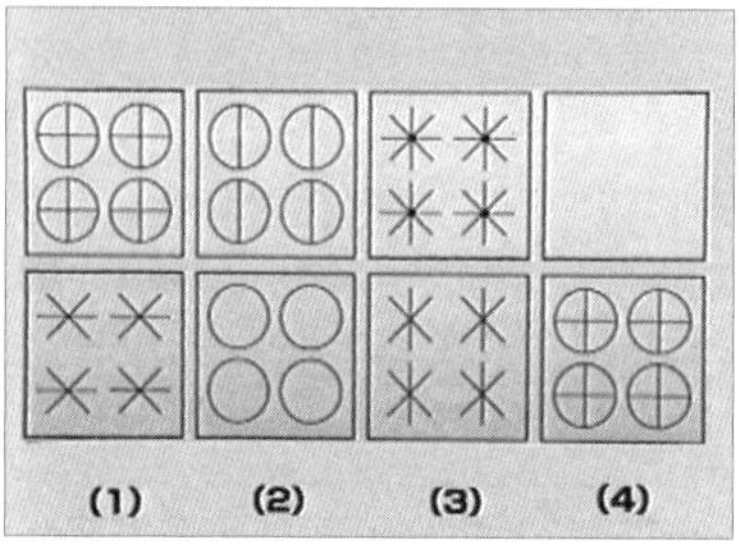

今、みんなに配ったのはゴリラがやった知能テストです。ゴリラはこれができるんです。

この問題（上図の上）わかりますか？上に図形が並んでいます。そしたら右上の空欄《くうらん》に入る図形は、下のどの図形でしょうか、という問題です。

わかるかな？　ゴリラができるんだからね。

正解は何番だと思いますか？

子どもたち　四番。

吉原　どうして？

男子　円が上下上下となって、それでだんだん大きくなっているから。

吉原　じゃ、次（上図の下）のは？

子どもたち　三番。（答える声が少ない）

吉原　なんで三番？

女子　左から二番目のやつは、横棒《よこぼう》がないから。それで、下の三番目も横棒が抜《ぬ》けているから。

吉原　そうだね。これぐらいのことが、チンパンジーやゴリラにもできるということです。すごい知能があると思います。

チンパンジーに言葉を、そして手話《しゅわ》を教えたら……

吉原　みんなが考えている以上に、チンパンジーは非常に頭のいい動物です。そして、非常に人間に近いんです。

それでそんなに人間に近いのだったら、チンパンジーに人間の言葉を教えたら、人間とチンパンジーでお話ができるのではないかと考えた人がいます。

一九四七年にヘイズさんというご夫婦《ふうふ》が、小さな赤《あか》ん坊《ぼう》のチンパンジーを自分の娘として養女《ようじょ》にしました。そして、その子に言葉を教えました。一生《いっしょう》懸命《けんめい》六年間も教えるんですが、言えた言葉は「パパ」と「ママ」と「カップ」

の三語だけ。唇《くちびる》を押さえて訓練《くんれん》して、三つしか言えなかった。

それはなぜかというと、チンパンジーの喉《のど》の構造《こうぞう》が人間の赤ん坊に似ていて、しゃべることができない。それで教えることに失敗したんです。

ところが、この赤ん坊のチンパンジーは、お父さんお母さんに一生懸命言おうとするんだけど、言葉が出てこないときに何をやったかというと、さかんにジェスチャーをしたんです。「何かやってちょうだい」とか「あれをちょうだい」とか。

それならば、手話というものをチンパンジーに教えたら、人間とコミュニケーションがとれるのではないかと、ガードナーという人は考えました。

やはりチンパンジーの赤ん坊をその人の養女にして、指言葉《ゆびことば》を教えました。「アメスラン」といってアメリカで四番目に普及《ふきゅう》しているサインランゲージを教えます。すると、「ワシュー」という名前の赤ん坊でしたが、この赤ん坊が最初に覚えた言葉が「もっと」です(6)。「もっと飲み物が飲みたい」とか「もっと遊んでちょうだい」という「もっと」という言葉から覚え始めて、五年間で覚えたサインが二九四。単語が二九四もあったら、かなり話ができることになります。

そのワシューというチンパンジーを、ある日、サルの前に連れていったら、じーっと見て

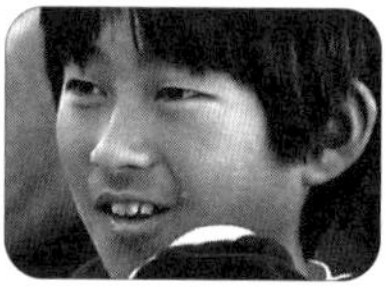

いて、突然「おまえ・汚《きたな》い・サル」という手話をやったんです。チンパンジーがですよ。

この「汚い」というのは、「おまえはわたしより下等《かとう》なサルだ」という意味だと思います。

このように指言葉を使えるということがわかりました。

チンパンジーは喉の構造が人間と違っていてしゃべりにくいのと、声は出るのですが、今わたしがしゃべっているように、音節《おんせつ》に切りながらしゃべるということができないんです。チンパンジーは息を吸うときにも声を出します。ですから「オゥオゥオゥオゥ」（吉原さん、実演する(7)）という感じで声を出します。わたし、だんだん上手になっちゃうんです。（子どもたち笑い）それで奥さんに嫌《きら》われてしまうんですよ。

それからチンパンジーは、母音は「あ」と「う」と「お」は出せるんですが、「え」と「い」

もっと(6)

「おまえ」

「汚い」

「サル」

オゥオゥオゥオゥ(7)

が出しにくいんです。どうしてだかわかりますか？　口でやってみるとわかるよ。「え」と「い」は口を横に開くでしょう。チンパンジーはそれができないんだね。

チンパンジーはサルじゃない

吉原　さっきのテストですが、最初のができた人？（ほとんどが手をあげる）　次のは？（九人）やっぱりちょっと難しいね。六年生の子が間違えるような問題も、チンパンジーやゴリラはできちゃうんだからすごいね。

さっきだれかが「チンパンジーはサルだ」と言ったけど、チンパンジーはサルじゃないんだな。じゃあ、サルじゃないのなら何でしょう？

子どもたち　……。

吉原　チンパンジーの仲間には何がいますか？　ちょっと難しいかな。チンパンジーは「類人猿《るいじんえん》」といいます。チンパンジーの他に何がいる？

男子　ゴリラ。

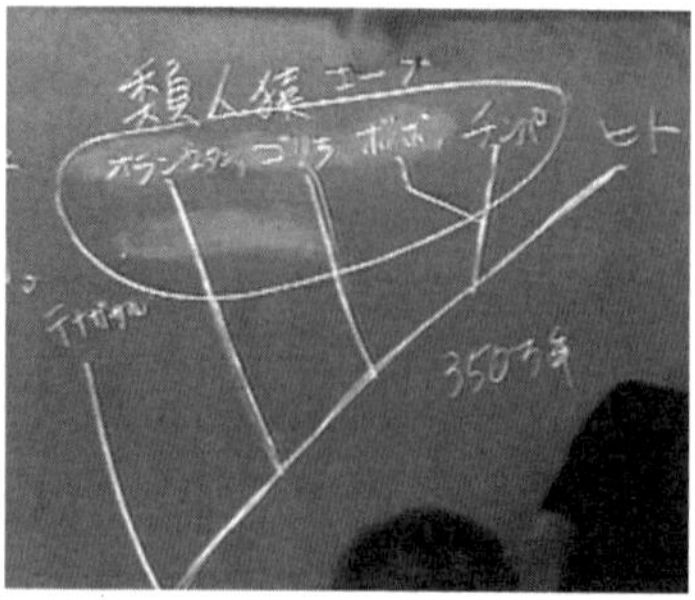

類人猿

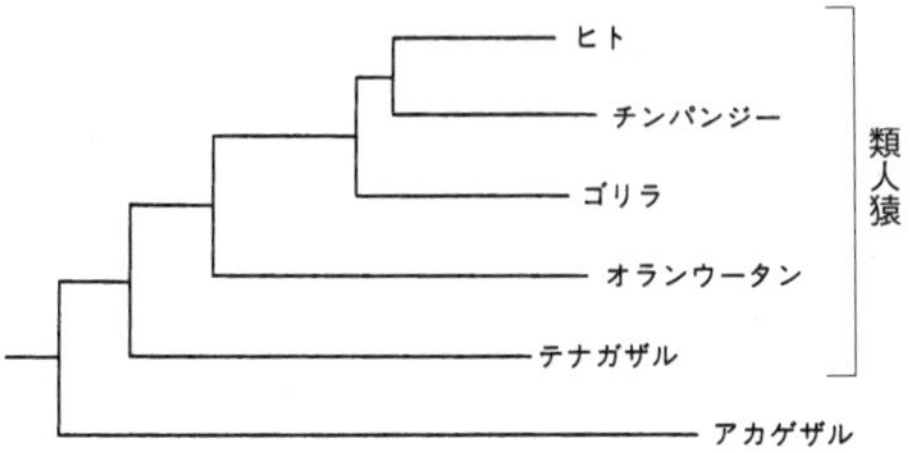

吉原　そうだね。それから、オランウータン。

男子　ボノボ。

吉原　ボノボを知っているの？　すごいね。みんな「ボノボ」知ってる？

昔、「ピグミーチンパンジー」というのがいました。チンパンジーによく似てるんですが、ちょっと違うんです。それを今はボノボといいます。

もう一ついます。テナガザル。

（板書を示しながら）これを全部で類人猿といいます。サルは「モンキー」。チンパンジーはサルではなくて類人猿です。

サルと類人猿、どこが違うんですか？

女子　大きさが違う。

吉原　大きさはもちろん違うけど。幼稚園《ようちえん》の子どもでも見ればわかるよ。

そう、しっぽ。しっぽがないの、類人猿は。人間も含《ふく》めてしっぽがない。

（板書の系図を示して）人間は進化をしてきます。ゴリラやチンパンジーと同じ祖先《そせん》から人間は進化をしていきます。ついこの間、三五〇万年くらい前に枝分《えだわ》かれしたのがチンパンジーであり、ゴリラであり、それからオランウータンです。これらを大型類人猿といいます。

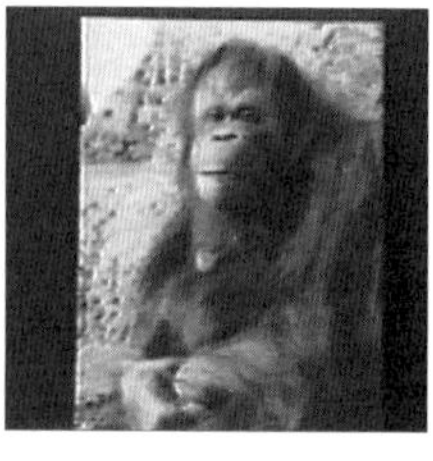

オランウータン

ゴリラの手形

吉原　さっきの手形はこのゴリラだよ。このゴリラの人差し指の周囲は一三センチもあるんだよ。実際に手を合わせてみてごらん。手形をみんなに回すね。

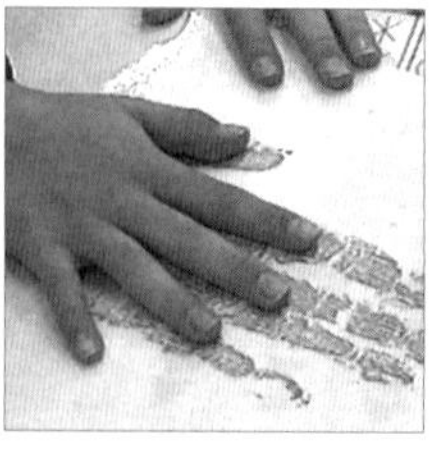

子どもたちはゴリラの手形と自分の手を合わせてみる。子どもの手は、ゴリラの手の三分の二ぐらいしかない。

吉原　どう？　この手形のゴリラの握力は五〇〇キロもあるんだぜ。五〇〇キロなんて考えられないでしょう？

その子は体重が一五〇キロあります。一トン半ぐらいのものを肩《かた》に担《かつ》ぐことができます。

チンパンジーの足

乗用車を担げる。どうしてそういう計算をしたかというと、動物園に扉《とびら》がありますね。その扉は一トンぐらいの油圧《ゆあつ》をかけないと開けられてしまうんです。

　チンパンジーでも二七〇キロの握力なんて、とても想像できないよね。だから、みんなの手をチンパンジーにヒョイッと握《にぎ》られたら砕《くだ》けてしまう。それでもわたしは、ちゃんと握《あく》手《しゅ》する。チンパンジーは加減《かげん》してくれるのです。

　足の方を見ると、先ほども言ったように、親指が外を向いているでしょう。こうやって足形を見るとわかるでしょ。

（パネルを掲げながら）このゴリラの体重は二三五キロ、頸《くび》の周りが一メートル。

子どもたち　えっ。

吉原　胸の周りが二メートル。それであの手だもの。プロレスラーだって相撲《すもう》とりだって、どんなに握力の強い人でも九〇キロから一〇〇キロ。

みんなこの手形、どうやってとったかわかる？　ふつうゴリラって檻《おり》の中にいるでしょ。麻酔銃《ますいじゅう》で眠《ねむ》らせてとったんじゃありませんよ。これをとったのが九月の一三日。このゴリラがアフリカから多摩動物公園に来たのが九月の一三日。それで、誕生日の記念に毎年手形をとっています。

いつもは鉄格子の中と外でわたしたちとは別々に生活しているんですが、この日だけはわたしが墨汁《ぼくじゅう》と紙を持って大きなゴリラがいる檻の中に入っていきます。それで「今日は九月一三日で、君たちがここに来た来園記念日だから手形をとろうね」と言って手形をとった何十枚の中の一枚がこれです。これも飼育係の仕事の一つです。

(8)

人とのコミュニケーション

チンパンジーと話ができたらいいな、ということで手話を使ってお話をすることもできることをお話しました。それからもっとチンパンジーからいろんなことを聞きたくて、チンパンジーに「図形文字」を教えるということがあります。こういう電光掲示板《でんこうけいじばん》があって、前にキーボードがあって、ここに図形が並んでいます[8]。

例えば、これが「どうぞ」、これは「コンピュータさん」。それで「どうぞ」「コンピュータさん」「パンを」「ください」とキーボードを打って、きちんと文章ができたら、自動販売機のように下からパンが出てくる。

それから「音楽を聞かせてください」と打つと、今度はコンピュータの方が「ロックにしますか、クラシックにしますか、何にしますか？」ときいてきます。そしてチンパンジーが「クラシック」と押すとちゃんとクラシック音楽が流れます。

そういう設備《せつび》を使って実験をしています。これはアメリカでやっています。日本では京都大学の霊長類《れいちょうるい》研究所というところで、チンパンジーに言葉を教えています。

自分で鍵《かぎ》を使って扉《とびら》を開けたチンパンジーの「アイ」

吉原　霊長類研究所にアイというチンパンジーがいます。昔、このアイが、飼育係が落とした鍵を自分でどこかに隠《かく》していて、夜、鍵を使って自分で扉を開けて逃げ出しました[9]。どこに隠していたのかはわからないんです。口の

1989年(平成元年)10月4日　水曜日　朝日新聞

"天才"サル 錠開き去る

愛知・犬山の
京大霊長類研

図形文字を使って品物の名前を綴（つづ）れる「頭の良さ」で、世界的に知られるチンパンジーのほか、オランウータンの合わせて三匹が三日午後、愛知県犬山市の京大霊長類研究所から逃げ出した。おりなど四カ所の錠を自分で開けたらしい。うち二匹は間もなく捕まったが、チンパンジー一匹は森の中に逃げ込んだまま。同研究所は四日朝から捕獲作戦を展開する。

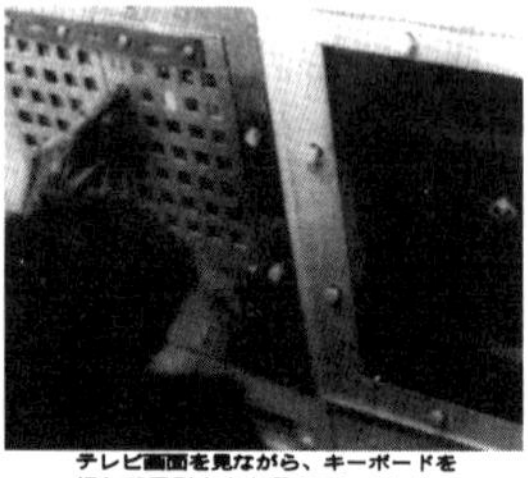

テレビ画面を見ながら、キーボードを押して図形文字を選ぶチンパンジー「アイ」＝昨年、京大霊長類研究所で

文字わかる"有名人"

仲間と3匹で 1匹まだ不明

犬山署と同研究所の話によると、午後四時ごろ、犬山市犬山の同研究所（野沢謙所長）のサル居室棟から、チンパンジーの「アイ」（メス、十三歳）と、「アキラ」（オス、十三歳）、オランウータンの「ドゥドゥ」（オス、七歳）が逃げた。

アイとドゥドゥは、約三十分後に所内で捕まえたが、アキラは所内で友だちと遊んでいた近くの会社員浅井幸光さんの長男、犬山北小二年一彦君(7)の左わき腹にかみついて、十日間のけがを負わせた。

同署員と研究所員約三十人がアキラを追ったが、同五時半過ぎ、近くの善師野森園から森の中へ姿を消した。

同研究所によると、チンパンジーが入っていた個室、オランウータンの個室、さらにサルの棟の入り口など四カ所に錠をかけていたという。

アイを最初に発見したとき、この棟のものとみられるキーを口にくわえていた。棟内に錠が落ちており、何らかの方法で、キーを手に入れたチンパンジーが、自分で開けたらしい。キーの一部は入り口の上にかけてあり、チンパンジーの手も届く。

アイは十年ほど前から言語訓練を受けており、テレビ画面とキーボードを使って靴、手袋など様々な品物と、それを表示する図形文字を識別できる。五本の赤鉛筆を見て「赤」「鉛筆」「5」と表示したり、十一種類の色を漢字で記憶。「目」「耳」「鼻」なども示すことができる。

昨年秋にオーストラリアで開かれた国際心理学会では、同研究所の松沢哲郎助教授(39)が、アイを使った研究を発表して注目された。アキラもアイと一緒に約十年間、言語訓練を受けていた。研究所ではナンバー2の知能程度という。

同研究所は現在、九百匹ほどのサルを飼っているが、昭和四十二年に設立後、所外にサルが逃げ出したことは初めて。

松沢助教授は、「チンパンジーは、ピンのふたを開けたりできるし、自分で錠をあけて逃げることは十分推測できる」と話している。

逃げているアキラは足で立ったときの体長一四〇センチ、体重は四九キロ（いずれも推定）。人間でいうと、十八－二十歳くらい。

(9)「朝日新聞」1989年10月4日

中なのか、腋《わき》の下なのか。

わたしがこのときすごいなあと思ったのは、部屋の扉に上下二つの鍵がかかっているんです。それを自分で開けました。自分だけ逃《に》げ出したのではなくて、アイの部屋の前にオランウータンのドゥードゥーというのがいまして、そこへ行ってドゥードゥーの部屋の鍵も開けて「いっしょに逃げようね」といっしょに逃げた。それから、アイの隣《となり》の部屋にはアキラという非常に仲がいいチンパンジーの男の子がいるんですが、そこにも行って「シーッ、だめだよ音を出しては」とやりながら、鍵を開けてやはりいっしょに逃げ出すんです。

チンパンジーどうしのコミュニケーション

吉原　今は、チンパンジーどうしで会話をさせるおもしろい実験をやらせています。実験室の真ん中に仕切りがあって、小窓《こまど》が開いています⑽。仕切《しきり》の右側にいるチンパンジーにも同じように電光掲示板と電極《でんきょく》の入ったものを持たせています。

右側の部屋には大きな箱があって、いろいろなものを入れておきます。左側の部屋には、透明《とうめい》の筒《つつ》が台にしっかりと支えられて置いてあり、筒の真ん中にチョコレートを置きます⑾。そして人間は部屋の外に出てしまいます。

左側の部屋にいるチンパンジーは、当然筒の中のチョコレートを取ろうとして手を伸ばしますが、筒が長いので届きません。このとき、このチンパンジーは何をやったと思いますか？　何があればこのチョコレートを取れると思いますか？

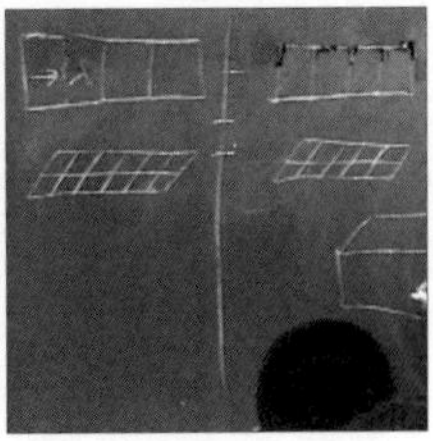

真ん中に小窓⑽

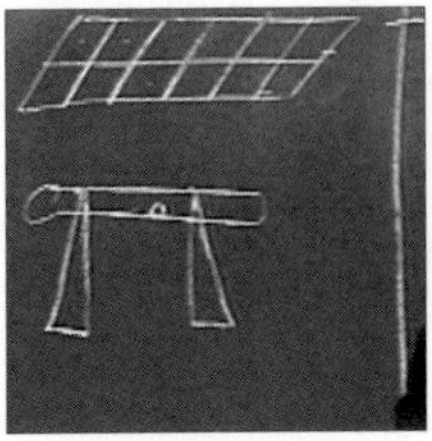

⑾

子どもたち　棒《ぼう》。

吉原　棒、そのとおり。だから、このチンパンジーはコンピュータの所に行って、「どうぞ・棒を・ください」と打つ。同じものが隣の部屋の電光掲示板にも表示されます。すると右側の部屋にいるチンパンジーが、箱の中から棒を取り出して、小窓から「はい」って左側のチンパンジーに渡すの。棒をもらったチンパンジーは、それで筒の中のチョコレートを押し出して食べる。

次に、左側の部屋に箱を持ち込みます。この中にはバナナがたくさん入っています。そして箱に鍵をかけて人間は外に出てしまいます。

チンパンジーは一生懸命鍵を開けようとします。もう、わかるよね。コンピュータに何て打つかというと「どうぞ・鍵を・ください」。電光掲示板を見た隣のチンパンジーはちゃんと小窓から鍵を渡す。それでその鍵を使って箱からバナナを取り出します。ここからがすごいんだ。どうすると思いますか、取りだしたバナナ？

男子　隣の人にもあげる。

吉原　そうです。小窓のところに持っていって山分けするんだよ。

道具を渡している右側のチンパンジーは、チョコレートのときは小さくて一個しかなかっ

たもんだから、分けてもらえなかったんだけど、いつか今のバナナのようにいいことがあるだろうと思って協力しているの。

それから、わたしのような飼育係の人も、隣の部屋にいるチンパンジーに「マリーさん、入ってもいいですか」と電光掲示板に書くの。わたしの場合だったら吉原耕一郎《よしはらこういちろう》だから、「KYが入ってもいいですか」と書く。するとマリーが「どうぞ」と打つ。そしたら扉を開けて「こんにちは」と入っていくんです。

「マリーさん、今日はごきげんはどうですか」ときくと、マリーが「今日はちょっと悲しい気分です」と答える。「じゃあ、マリーさんどうやったら元気になる？」するとマリーは「くすぐってレスリングをしてちょうだい」と言う。

それでレスリングをしてあげて五分もやっていると、マリーがツツと電極の所へ行って、「もう飽《あ》きたからおじさん出ていってくれ」と打つ。（笑い）

子どもたち　あはは。

吉原　人間とチンパンジーでそんなお話ができるんだよね。みんなチンパンジーがそんなことをやるって知らなかったでしょう。

チンパンジー語の研究

ただ、チンパンジーにこういう図形文字を教えたりすることに対する批判というのもある。それはどういうことかというと、野生で暮らしているチンパンジーたちは、「レキシグラム」っていうんだけど、こんな図形文字なんて知らないで暮らしているわけです。知らなくても、意志を疎通《そつう》し合っている。多摩動物公園で暮らしているチンパンジーたちも、こんな文字も指言葉も知らなくて、意志を疎通し合って暮らしている。

だから、こういうものを教えるだけではなくて、逆に、チンパンジーが持っている言葉を研究することを考えた人がいるんです。

どんなことをしたらチンパンジーの言葉がわかると思いますか？　チンパンジーが話していることをどうやったらわかるだろう、ということを考えた人がいるんだ。なかなか思いつかないよね。

それはね、この緑ヶ丘小学校の校庭ぐらいの大きな土地を塀《へい》で囲ってしまう。（黒板に描く⑿）その中には池があったり林があったり、草むらがあったり、ここに切り株《かぶ》があったり、ここに石があったりする。

それで、この運動場の中にいつも五頭のチンパンジーが暮らしています。この中の一頭だけを部屋から連れ出して、この運動場の中にいろいろなものを隠《かく》していくんです。例えば、この切り株の下にはバナナをいっぱい隠す。草むらにはヘビのおもちゃを隠す。石と石の間にはキャンディを隠す。というようにいろいろなものを隠しておきます。それでその一頭に「よく覚えておきなさいよ」と言って覚えさせます。

それで残りの四頭を運動場に入れます。するとバナナが隠してある切り株の所にみんなで行って、ワーワー言いながら食べる。ヘビのおもちゃがある草むらのところは、みんな棒を拾って慎重《しんちょう》に慎重に叩《たた》きながら進んでいきます。

そして、この石と石の間のキャンディのところはスッと素通《すどお》りしちゃうんです。どうしてだかわかる？「後で自分だけそっと取りだして食べよう、みんなにはやらない、わたしだけが隠した場所を知っている」。

どうやってみんなにバナナのある場所を教えたか、どうやってヘビのことを教えたか、いろんな所からビデオカメラを使って観察します。こういうふうにチンパンジー語というのを研究している人がいます。

ところが、わからないんです。いくら見てもどこでどうやったかなかなかわからない。

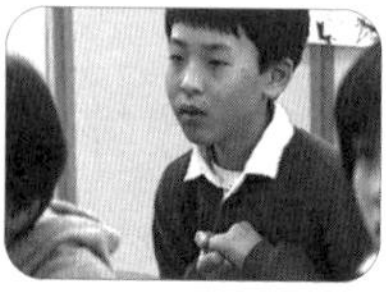

子どもたちからの質問

吉原　今までのことで何か質問はありますか？

男子　チンパンジーは禿《は》げたりしないんですか？

吉原　（笑い）ゴリラは頭にいっぱい毛があるんだけど、チンパンジーは年をとるとだんだんおでこのところが禿げてくるんです。でも、人間のおじさんみたいにツルツルに禿げてしまうということはありません。

チンパンジーはだいたい四、五〇年ぐらい生きます。オスだとだいたい三五年ぐらい。だから、もっともっと生きれば、禿げが出てくるかもしれません。それから、虫歯《むしば》もあんまりないんです。チョコレートなどの甘《あま》い物はあまり食べないで、草や木の実などを食べているから虫歯にはなりにくいんだけど、寿命《じゅみょう》がこれくらいしかないので、歯がボロボロになる前に死んでしまいます。

他にありますか？

女子　あの、アイはどうなったんですか？

吉原　アイは元気にしておりますよ。この間わたし、会ってきました。アイは赤ちゃんを産んだのですが、その赤ん坊が死んで生まれてきたんです。生まれる前の日くらいまでおなかの中で生きていたんだけどね。

アイってとても頭が良くて、図形文字やいろいろなことを覚えて、人間とお話するんです。それでそんなお母さんから子どもが生まれたら、アイは自分の子どもに図形文字などを教えるのかということに非常に興味があったんですけど、残念ながら赤ちゃんは死産《しざん》でした。（この後、二〇〇〇年四月、無事に出産した。新聞記事参照⒀）

この間行ったら、また一生懸命勉強をしていました。君たちはアイのことは知ってるんだね、アイは有名だからね。

男子　チンパンジーにも、風邪《かぜ》とか病気はありますか？

吉原　さっき黒板に「サル」のグループと「類人猿」のグループを書いたでしょ。類人猿は、ヒトとほとんど同じです。

アイちゃんに赤ちゃん

京大霊長類研究所（愛知県犬山市）は二十五日、文字や数字がわかることで知られるチンパンジー「アイ」（メス、二十三歳）が二十四日午後十時四十九分、オスの赤ちゃんを出産したと発表した。同研究所でチンパンジーが出産したのは十六年ぶり。身長は約三五センチと標準的で、「アユム」と名付けられた。ヒトに最も近い生物であるチンパンジーが、知識を次の世代に伝える方法の解明が進めば、ヒトの親子のつながりを探る糸口にもなると関係者は期待している。

　同研究所によると、アイは二十四日も普段通りの勉強に取り組んだ。午後三時ごろ、床に少量の粘液を見つけ、すぐに検査した結果、心拍が速くなったり遅くなったりする兆候が確認された。午後六時すぎからは、腰をつきだして力むような動きを始めた。アイの勉強を指導する松沢哲郎教授らが見守るなか、自力で出産した。

　子育てを見る経験が少なかったアイが自分で育てられるか心配され、赤ちゃんと等身大のぬいぐるみを抱かせる特訓をして備えたが、赤ちゃんを片時も離さないなど立派な母親ぶりを見せている。出産後の健康状態は母子ともに良好という。

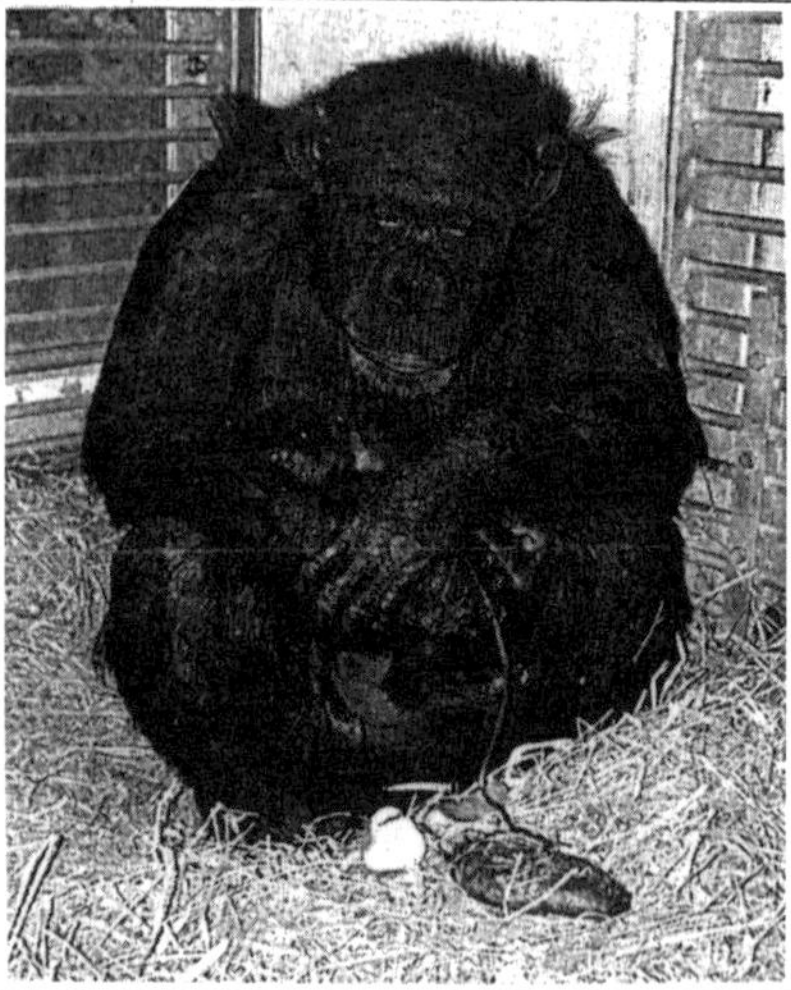

「アイ」と赤ちゃん＝25日午前、犬山市の京大霊長類研究所で（同研究所提供）

⒀「朝日新聞」2000年4月26日

みんな、DNA《ディーエヌエー》って知ってる？　生き物の遺伝《いでん》なんかを担《にな》っている物質《ぶっしつ》です。人間とチンパンジーのDNAを比較《ひかく》すると、九九・六パーセントが同じです。だから、病気も同じ。いちばん多いのは、風邪とお腹《なか》が痛《いた》くなること。それで薬も人間といっしょ。今、わたし少し風邪をひいているんだけど、これはチンパンジーにもうつっちゃう。それからチンパンジーの中で風邪がはやると飼育係にもうつっちゃう。

ふつうだったら風邪薬の「ルル」をのむ。どうも鼻水だという場合は「コンタック」をのんだり、お腹が痛くなったら「ビオフェルミン」をのむし、胃腸薬《いちょうやく》ものみます。

男子　チンパンジーは怖《こわ》くありませんか？

吉原　ゴリラってこれで二五〇キロぐらい（パネルを持つ）。こういうふうに大きな動物になるのですが、野生ではタケノコとかセロリとか、そういうものしか食べないんです。草食動物《そうしょくどうぶつ》です。だから、非常におとなしい。人間が攻撃《こうげき》しない限りあちらから攻撃してくることはありません。

昔は「餌《え》づけ」といって、餌《えさ》をやって動物を馴《な》らすようなことをやりましたが、今は「人づけ」といって、人間がゴリラのそばに行って（唇《くちびる》を突き出して）「ウウウ」とかいう、ゴリラがリラックスすると出す声を真似《まね》しながら、ゴリ

「ウウウ」

ラに近づいて、本当の野生のゴリラといっしょにいられる。そんなふうにゴリラは非常におとなしい動物です。

　チンパンジーの方が明るくて、ちょっと乱暴《らんぼう》なところがあります。それはなぜかというと、チンパンジーは基本的にはイチジクなどの木の実を食べる動物なんですが、ときどきハンティングをしてお肉も食べます。だから、シカやイノシシ、それからサルとかを捕《つか》まえて食べちゃう。やさしいことはやさしいですよ。わたしとは二十何年も暮らして、わたしの言うことはわかるし。もちろん、獲物《えもの》を捕《と》るときなんかは怖いですけど……。ゴリラの方がうんとやさしいのです。

　オランウータンは、森の中に一頭で暮らしているので、表情があまりよくわからないんですね。チンパンジーはいろいろな表情をするから、顔を見てわかるんだけど、オランウータンは一人でいるから表情がなくて、怒《おこ》っているのか喜んでいるのかよくわかりません。

　ゴリラもあんまり表情を出さないんですけど、目を見ていると、目が和《なご》んだり、笑ったり、怒ったりします。

　こういうふうに同じ類人猿でもぜんぜん違うんですね。

チンパンジーはどれくらい人に近いか？

チンパンジーは泳げない

吉原　さっきまで、チンパンジーが非常に人間に近いという話をしてきました。何が近いかというと、チンパンジーは泳げない。動物の中で泳げないのは、人間と類人猿の仲間。ゴリラとかチンパンジーとかオランウータンとか。人間も教えないと泳げないでしょう。

チンパンジーは人間と非常に似た感覚があるので、水深一メートルぐらいで溺《おぼ》れてしまいます。（等身大模型を示しながら）チンパンジーってこんなに大きいんだよ。なぜ溺れてしまうか、わかる？　人間の泳げない人と同じで、水の中に体が入ると「あ、いけねえ」と思うんだね。体が固くなる。あわてないでゆっくり立ち上がれば水の上に首が出るのに、あわてて水の中でバシャバシャやっちゃうから溺れてしまう。

アフリカで大きな川が一本あると、川の西側と東側にチンパンジーがいたら、ほとんど行き来がないのね。ずっと上流に行って渡るか、何か倒木《とうぼく》でもない限

り、行き来ができない。

だから、川の東側のチンパンジーと西側のチンパンジーとは文化が違います。例えば、西側のチンパンジーはアリを釣《つ》って食べるのに、東側のはそうしない。

鏡のなかの自分がわかる

吉原　それから人間に近いことでは、鏡を見ると自分が映《うつ》るでしょ。でもその映っているのが自分だとわかるのは、人間とチンパンジーだけなの。このことはあんまり知られていないんだけど。

みんな、自分の家で飼《か》っているイヌとかネコを鏡の前に連れていってごらん。最初イヌは鏡の中の自分に吠《ほ》えたりあいさつしたりして、鏡の後ろに回って「だれかいないかな」って見る。それで、鏡の中のイヌがぜんぜん危険《きけん》ではないということがわかると、イヌは鏡に興味を示さなくなります。

だけど、チンパンジーは違います。大きな鏡を見て、まずあいさつします。それから戦うんだよね（拳《こぶし》で鏡を叩《たた》く真似をする）。それから鏡の後ろへ回って見ます。その次に何をするかというと、突然、鏡の前で手を左右に振《ふ》るの。そうすると鏡の中のチンパンジーも手を振るよね。「あ、これはどうも自分らしいな」と思った瞬間《しゅんかん》に、その手で自分の頭を叩くの（笑い）。それでこいつは自分だということがわかる。だいたい一時間ぐらいでわかるよ。
　わかると、すぐ目を掃除《そうじ》したり、背中の傷《きず》のかさぶたを取ったりして、人間と同じように鏡を使うようになります。

色が識別《しきべつ》できる

吉原　それから、イヌは色盲《しきもう》だとか言われますが、チンパンジーは人間と同じ色の世界に暮らしています。どうしてそんなことがわかると思います？　少しきいてみようか、みんな答えないようだから。はい、君。

男子　ちょっとわかりません。

吉原　難しいよな。だから、チンパンジーにきけばいいんだよ、早い話。それで、さっきやった図形文字が役に立つんです。
　これはさっき話した京都大学の霊長類《れいちょうるい》研究所にいるアイちゃんがやっているんですけど、（黒板に図形文字を書く）これ、赤(1)。これが緑(2)。それから、これがブルー(3)。こういう図形を教えて、色を教える、教えるというより色をき

マンセル色表

(1)

(2)

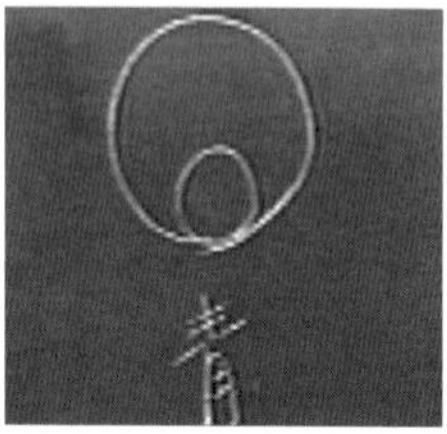

(3)

くんです。

例えば、赤いコップを出して「これは何ですか」とききます。そうすると「コップ」と答えます。その次に「何色ですか？」とききます。それで黄色いコップなどを持ってきて、「これは黄色いコップ」とか「これは赤いコップ」と教えます。それからボールでも同じように教えます。

それで「赤」という言葉を教えるわけです。それからこういう（示しながら）「マンセル色表」というんですけど、この中の赤色を見せて「これは何色？」とくと、「赤」と答えるわけです。

霊長類研究所は、京都大学なんですが、名古屋から電車でちょっと行ったところの犬山という場所にあります。そこへわたしはこの間行って、アイに会ってきました。

　そうしたらアイは、もう図形ではなくて漢字の勉強をしてました。それで、ある漢字が出てきたら、赤のところにあるボタンをピッと押すんです。正解すると一〇〇円玉がチャリンと下から出てくる。その逆もやる。赤い色表を見せて、漢字を押させる。

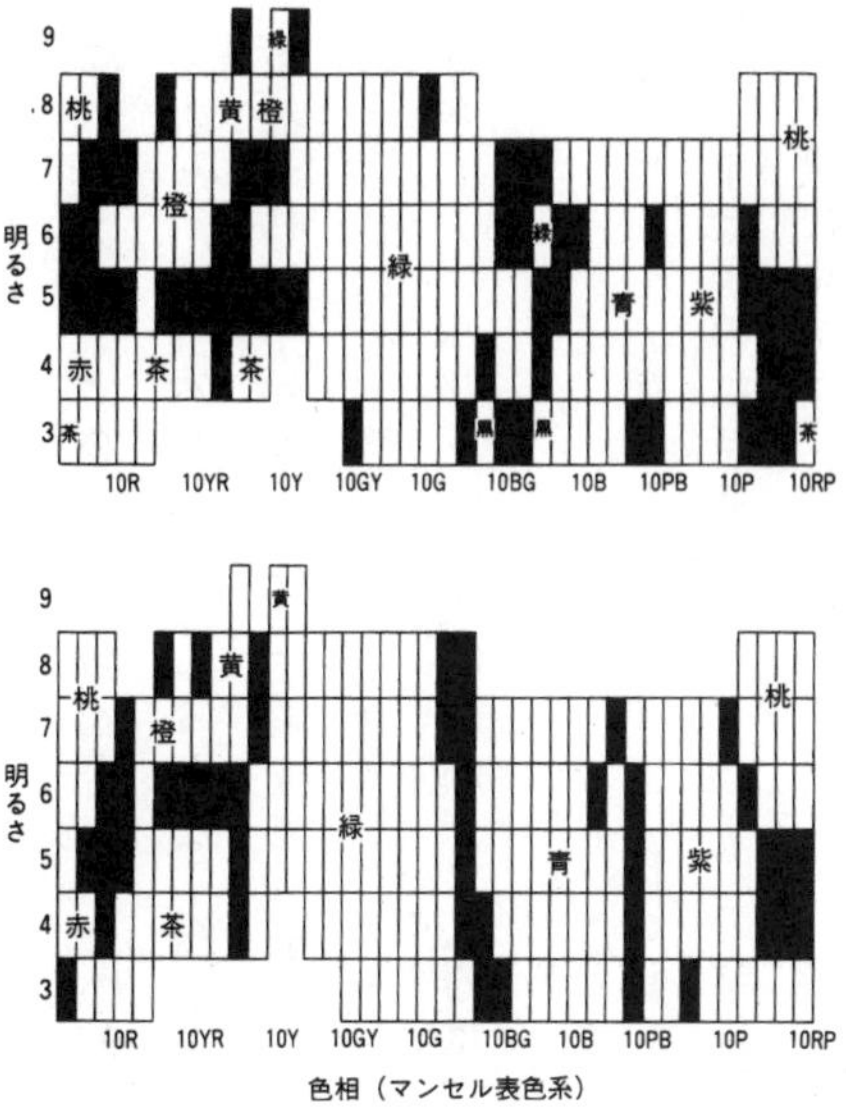

上がチンパンジー下がヒト

　そして、アイは一〇〇円玉が一〇個ぐらい貯《た》まると何をするかというと、近くに自動販売機が置いてある（笑い）。で、そこに行って一〇〇円玉を一つ入れると干しぶどうが一つ出てくる。ジャラジャラ一〇〇円玉を入れて、出てきたのを食べ終わって帰ってくると、また何色かということを勉強する。

　これは（上図）、アイを研究している松沢哲朗《まつざわてつろう》先生がチンパンジーとヒト（大学院生）で色表を見せて同じテストをやらせてみた結果です。

緑からブルーに変わっていく変わり目の色を見せて「何色？」ときく。そうすると、チンパンジーは「青かな、緑かな」と迷う。それで、迷ってボタンを押す時間がかかったところをこの表では黒くしました。人間の大学院の学生も、この緑と青の境目で迷う。この表の黒いところを見てもらえばわかるけど、チンパンジーと人間が迷うところはだいたい同じでしょう。色の境目のところで迷う。

それで一つだけチンパンジーと人間の違いがありました。緑がだんだん濃《こ》くなると、チンパンジーは黒のボタンを押す。大学院の学生は緑。（モスグリーンの色表を示しながら）みんなはこれ、緑に見えるでしょ？

でも、それぐらいの違いで、あとはほとんど同じ色の世界に暮らしているということがわかっています。

チンパンジーに漢字や図形文字を教えることによって、チンパンジーたちがどういう世界に暮らしているかがわかるようになる。今はチンパンジーだけではなくて、ゴリラにもやっています。

ゴリラに「悩《なや》み」や「死」についてきく

ゴリラには手話を教えていて、ゴリラはどんなことで悩んでいるのかとか、どんなことを考えているのか、そういう心の中のことをゴリラからききだそうということもやっています。例えば、抽象的《ちゅうしょうてき》なことをきく。ちょっと難しいんだけど、ゴリラに「『死ぬ』ってどういうこと？」とききます。そうするとゴリラは「眠《ねむ》る」と答える。「どんなときにゴリラは死ぬの？」するとゴリラは「年取ったら、または病気で」と答えます。「死んだらゴリラはどこに行くの？」ときくと「苦労のない穴《あな》にさようなら」、そういう答えをします。そういう感情面が、非常に人間とよく似ていることがわかります。

チンパンジーにお願いする

そんなに人間に近い類人猿たち、わたしの場合は、基本的にはチンパンジーですが、そういうものを動物園で飼育していくということは非常に大変なことです。向こうがこちらのことをようくわかっていますから。

今いちばん上のチンパンジーが四三歳です。いちばん下が〇歳。そういう

チンパンジーたちが二一頭、今、多摩動物公園にはいます。

わたしのように二十何年も飼育係をやっていればそういうことはないんですが、「飼育係になりたい」という学校を出たての人が来て、チンパンジーを扱《あつか》うというのは非常に大変です。それは、例えばベティというチンパンジーがいて、「おい、ベティ」と言うわけです。ところが、このベティが言うことを聞かない。

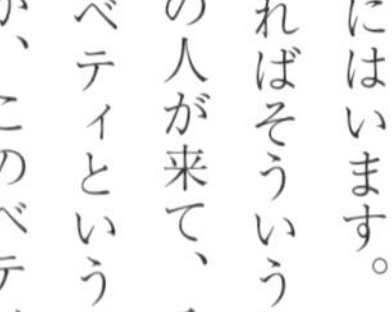

フン

わたしもいちばん最初に、やはりベティの前に行って「おい、ベティ」と言ったんです。そしたらベティは「フン」ってそっぽ向いたんです。最初は気のせいだと思ったんです。動物がですよ、名前を呼《よ》ばれているのに「フン」とやる。それで、もう一回「ベティ」と呼んだら、また「フン」とやった。また呼んだら、今度はクルッと後ろを向いちゃった。もうこうなったらいくら何をやってもだめなんです。

みんなが多摩動物公園に来れば、たぶんチンパンジーはみんなより自分たちの方が上だと思っているからね。

それでわたしはそのとき、気がついたの。何に気がついたかというと、お願いをした。「ベティさん、お願いだからこっちを向いてください」と頭を下げて頼《たの》んだ。そうしたらチンパンジーが後ろからこちらに向いてくれた。「うん、そうか、小僧《こぞう》わかったか」って。

そんなことでお願いしながらやっていくんです。だから、みんながペットを扱うのとはぜんぜん違います。野生の動物だし、力はものすごく強いし、人間より上だと思っているし。そういうふうにいろんな部分で大変です。

授業❷
チンパンジーの飼育

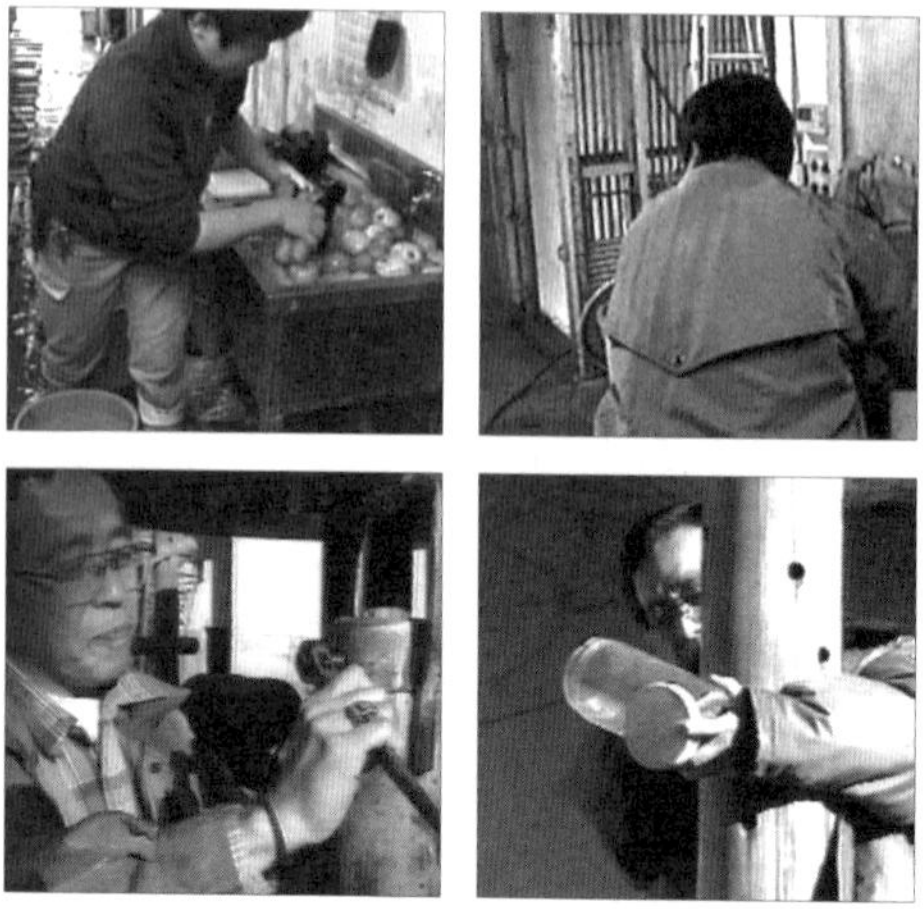

チンパンジーがどんな動物なのかという基本的な話の後、この時間は、多摩動物公園で飼育係が実際にどんな仕事をしているかを、子どもたちにビデオで見てもらった。そのために、取材班は数日間にわたって動物園のチンパンジー舎で記録ビデオを撮った。

本章の後半に、その取材ビデオの記録を収載した。チンパンジーたちの「大げんか」の模様は、このとき、偶然にカメラが捉えたものである。

飼育係の一日

吉原さんは、飼育係の一日の仕事を撮《と》ったビデオを子どもたちに見せて、説明しながら、動物園のチンパンジーたちの生活を話す。

朝のあいさつ

吉原　朝は「おはようございます」ってあいさつからいくんだよ。

これはベロというチンパンジーです(1)。メスです。ちょっと目やにがあったので檻《おり》に手を入れて目の所を見ています。ほら、見てあの手(2)。すごいでしょ。「ベロは何キロあるの？　一〇キロくらいあるの？」ときくと、ちゃんとわかってるんだよ、「うんうん」って言うんだもん。（笑い）

朝、動物園に行ったら、このように全員にあいさつをします。

それで、夜寝《ね》るときに使った麻袋《あさぶくろ》を、洗濯するために返してもらいます(3)。これがなかなか

ベロ (1)

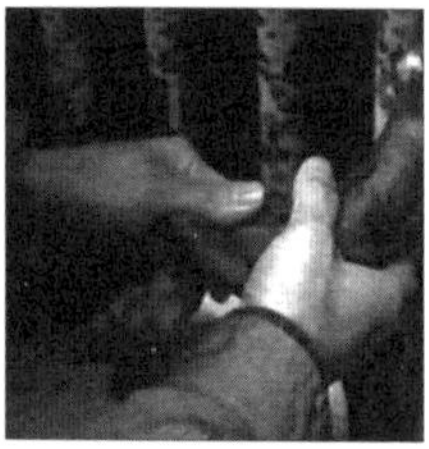
(2)

(3)

トム (4)

洗濯 (5)

返してもらえない。君たちが行っても絶対返してくれないから。返してもらえるようになるまで一年も二年もかかるんだよ。今、まだ寒いから寝ているでしょ。それを取り上げるんだから。

（毛布を取り上げられて悲しい顔をしている）これはトムといって二歳の子です(4)。返してもらった毛布を洗濯して、外に干《ほ》します(5)。

これがジャーニーさん(6)。四三歳だね。わたしの言うことはほとんどわかる。「爪《つめ》切りましょう」とかね。

これは「グルーミング」といいます(7)。毛づくろいです。わたしは毛が生えていないんですけど、ちゃんと爪の逆剥《さかむ》けを取ってくれたり、わたしにもいろいろやってくれるんです。暇《ひま》があるとああやって毛づくろいをしています。

チンパンジーが出た後の檻を掃除《そうじ》します(8)。

これが餌《えさ》です(9)。バナナとリンゴとミカンなどの果物《くだもの》や、その他にニンジン、サツマイモ、キャベツ、菜《な》っぱ。一日一食だけです。部屋の中に餌を置いておき、夕方、運動場から帰ってきてから食べます。

食べ物が刻《きざ》んであるところは、お母さんと子どもがいる部屋です。今、魚肉ソーセージがあったね。

オスは犬歯《けんし》が長いです。

ジャーニー(6)

グルーミング(7)

掃除(8)

餌(9)

ケンタ(11)

ミミー(12)

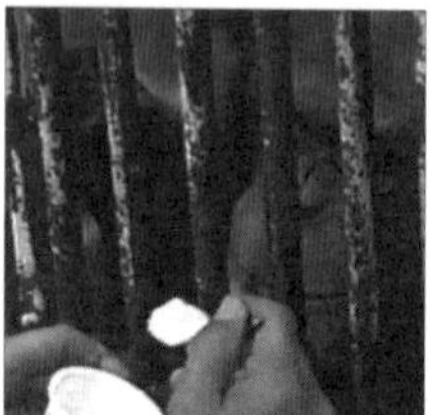

(14)

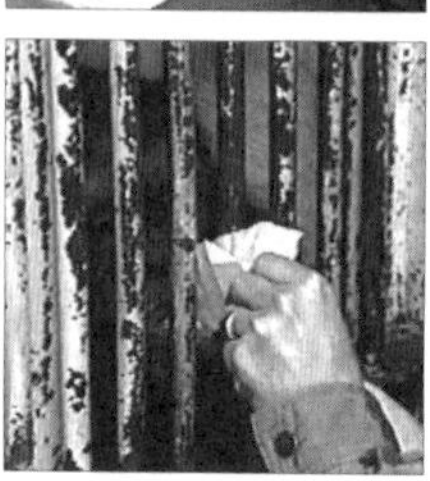

(15)

これはラッキーといって一〇歳です。（タイヤで遊んでいる）

これはケンタといって、今、群れのボスです(11)。今、一八歳かな。

チンパンジーはいろんなあいさつをします。

これはミミーといいます(12)。ミミーがナナを「いっしょに入ろう」と迎《むか》えに行きました。これは親子ではないんですけど、ミミーさんはナナちゃんが好きで、子どものときから自分の娘のようにかわいがっています。

それで、お部屋に帰ってきたらヨーグルトを二個ずつやります。（吉原さんがスプーンで檻の中にいるチンパンジーに食べさせている(14)）今、ビオフェルミンをあげました(15)。お腹が悪くてね。

チンパンジー村のボス

吉原（ビデオが終わって）みんなが動物園に来ても、外側から、お客様側からしか見ないから、中側がなかなかわからないだろうけど、いつもあんなふうな仕事をしています。中では、チンパンジーはものすごい力があるので、鉄格子《てつごうし》の中で暮らしています。夜は個室で、朝には出ていくという生活をしています。二重三重の扉《とびら》になっていて、万が一出てきても、逃げられない構造になっています。（パネルを出す）今、多摩動物公園にはこれだけのチンパンジーがいます（系図次ページ）。ケンタが今は一八歳になって、これがボスです。ジャーニーさん、ミミーさん、このへんは多摩動物公園ができたときからいるチンパンジーです。ジャーニーは今、子どもが一〇頭いて、孫《まご》がいて、曾孫《ひまご》がいます。

　ラッキーというのがケンタを脅《おびや》かして、次のボスになろうとしています。

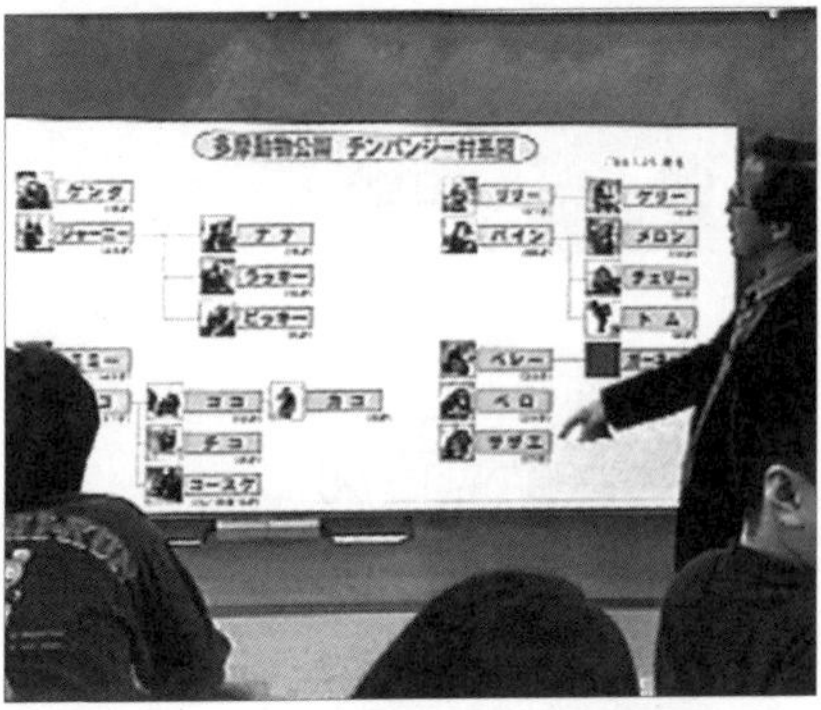

チンパンジー村

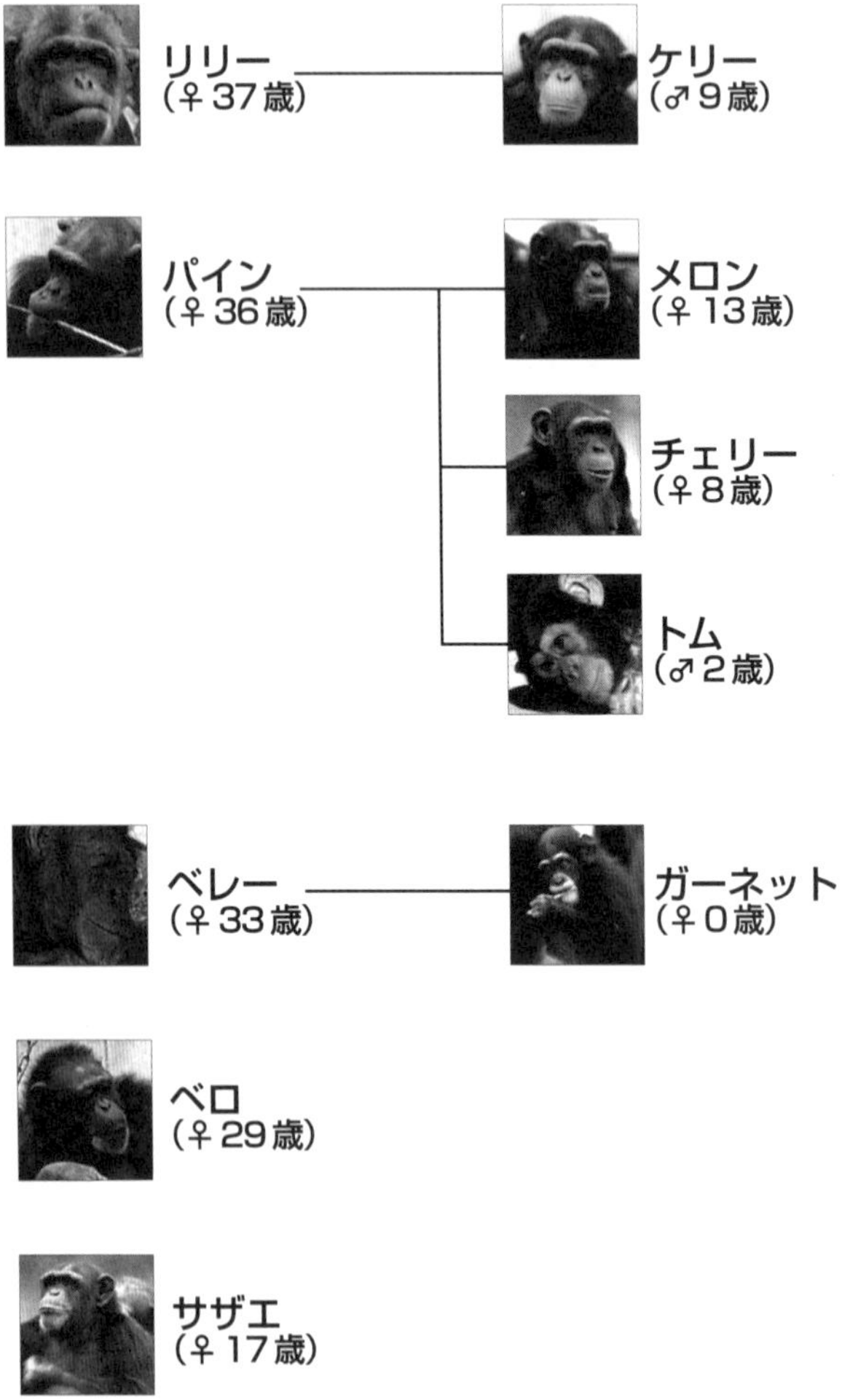

1999年1月25日現在

多摩動物公園
チンパンジー村系図

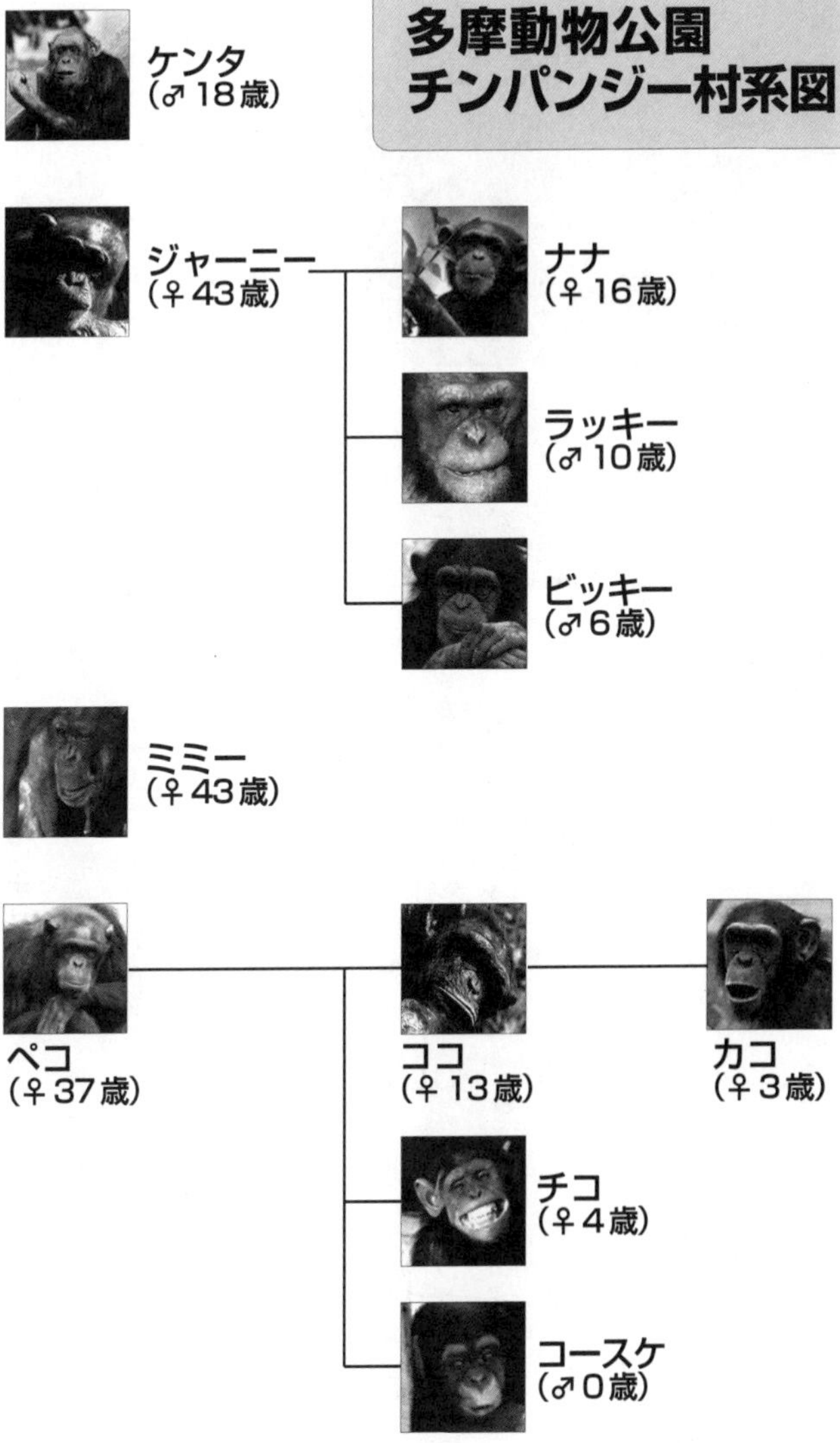

この群れにはジョーというチンパンジーがいました。（パネルを見せる）これがずっとボスでした。三四年間、ずっとボスでした。一昨年、ケンタにボスの座《ざ》を譲《ゆず》ったんです。

このジョーは非常に包容力《ほうようりょく》のある、やさしいボスでした。メスや子どもたちから本当に慕《した》われていました。ケンタはちょっと乱暴《らんぼう》なので、メスたちからあまり好かれていません。

ケンタにボスの座を譲ってちょうど一年経《た》った、去年の一〇月二〇日に亡くなりました。

わたしは、ジョーがいなくなったので、ケンタがものすごく勢力を伸ばすのではないかと思ったのですが、突然ケンタは元気がなくなっちゃったんです。

ジョー

ボスが死んだことによって、他のチンパンジーも食欲《しょくよく》がなくなっちゃって。だから、チンパンジーは死ぬということに何か感じるみたいで、ジョーがいなくなって全体の雰囲気《ふんいき》が悲しげになってしまって。ごはんを食べないメスがたくさん出ました。

そのときに新しいボスのケンタも、ごはんが食べられなくなって、クシュッと下を向いて歩くようになってしまった。これは不思議でした。

だから、ケンタにしてみたら、ジョーという偉大《いだい》なチンパンジーの後ろだてがあって、やっとボスをやっていたようなんですね。

その様子を見ていたラッキーというジョーの息子《むすこ》が、突然ケンタに襲《おそ》いかかりました。そのときにこのあたりのメスたちがみんなラッキーに協力して、ケンタをねじ伏《ふ》せるんです。ジョーが退いた後、ケンタはかなり乱暴なことをしていたものですから、メスたちがどうもケンタのことをあまりよく思っていなかったみたいで、みんなでケンタのことを押さえつけてしまう。

そこにラッキーがのし上がるんですけど、やはり一〇歳というのはチンパンジーではまだ子どもで。チンパンジーは大人になるのに一五年くらいかかります。一五歳になればラッキーもボスとしてメスたちから認められるんですけど。だから、今は一応みんなケンタをボスとして立てています。

子どもたちからの質問

体調は飼育係が観察する

吉原　何か質問ありますか？
男子　お腹《なか》の調子とか、どういうふうにお腹が痛《いた》いとか調べるんですか？
吉原　ビデオでわたしは朝、一部屋一部屋あいさつしていたでしょう。そのときにごはんが残っているか、触《さわ》っているときに熱があるかどうか。みんなもそうだけど、風邪《かぜ》をひくと目が潤《うる》むでしょ。ただ単にあいさつするのではなくて、そういうのを見ながら回っています。
そのときに、いつも仰向《あおむ》けに寝《ね》ているチンパンジーがうつ伏《ぶ》せに寝ていたとすると、「この子はお腹が痛いんじゃないかな」と思うわけです。一つひとつ、毎日毎日見ることでわかります。そのことが飼育係の仕事だから。
チンパンジーはものを言ってくれませんから、「今日はお腹が痛い、外へ行きたくない」とは言いませんから、これはわたしのほうで気づいてあげるしかない。

チンパンジーはものを言わないから、朝、様子を見に行くと、あるチンパンジーが何かほしそうな顔をしてこっちを見ているの。何がほしいのかがわかればもうベテランです。見ると、潤んだ目をしていてどうも熱がありそうで、水がほしいんだ、とわたしは思います。ところがまだ経験の浅い飼育係が来て、チンパンジーが「ちょうだい」とやる。お腹が空いているんだろうと思ってパンをやる。パンはパサパサだから食べない。「じゃあ、チーズを挟《はさ》んでやるから」と。それでも食べない。

そりゃ、そうだよね。熱があって、のどが渇《かわ》いていて水がほしいときに、チーズを挟んでくれてありがたいんだけど、そんなパサパサのパンは食べられないわけだ。

だから、そこをよく見てあげて、今、このチンパンジーは熱があって、お水がほしいんだと思って、水道から水を一杯《ぱい》汲《く》んできてあげます。そのときに、このチンパンジーとわたしとの間に信頼関係ができます。そういうことの積み重ねです。

飼育係になってみたい人はいないの？（子どもの反応ない）

おじさんなんか、幼稚園のころから飼育係になりたかったよ。

ジュースをなめるための道具

吉原　ビデオの中でチンパンジーが人工アリ塚《づか》を一生懸命なめていたでしょ。枝のついた木をチンパンジーにあげると、その横枝を取り除いて、先っぽを噛《か》んで筆《ふで》のようにして、ジュースがたくさんつくようにつくったものがこれです。なかなか頭いいでしょ。

それであのアリ塚は六頭ぐらいしかなめられないから、みんなこの枝をかじりながら順番待ちをしています。

なんならなめてみなよ。大丈夫、ちゃんと洗ってあるから。

噛んでない方にジュースをつけても何滴《てき》もつかないんだけど、噛んで筆のようになっている方にジュースをつけると、一〇倍くらいつくんだよ。

チンパンジーの一日分の食事

一日分の食事がのせられているお盆《ぼん》が教室に用意された。

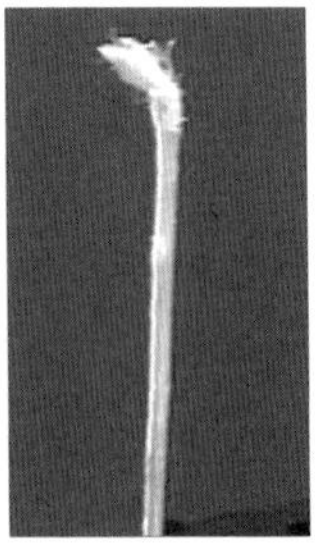

男子　（身を机から乗り出して）本物だ。いいな。
男子　肉がないな、肉が。
吉原　みんな前に来て見てもいいよ。一日一食、これだけしか食べません。
男子　こんなに！　いいじゃん。
吉原　こんなにって、君たち、これ一食だぜ。お腹空《す》いちゃうよ。

一日分の食事

チンパンジーの食事メニュー
（ある日の一日分）

リンゴ	2個
サツマイモ(生かゆでたもの)	2/3個
バナナ	2本
キャベツ	半分
ニンジン	2本
ほうれん草	ひとつかみ
ゆで卵	3つ
ソーセージ	1/2本
ミカン	3個
煮干し	ひとつかみ
食パン	2枚
ヨーグルト	2個

動物園では、リンゴとバナナ二本、みかんがこれだけ、それからサツマイモのゆでたもの、生も食べます。ニンジンと食パンとゆで卵、にぼし。ここに魚肉ソーセージがある。

自分の部屋に入ってきて、これを勝手に食べるんです。あと、このヨーグルトは飼育係があげてましたね。これは栄養という意味よりは、あそこでスプーンで食べさせながら、外から帰ってきたチンパンジーとお話をしているの。「今日はケンタはどうだった?」「ボスは乱暴《らんぼう》がおさまったかい?」とか、きくわけ。それから「ラッキーとビッキーで兄弟げんかしちゃだめだよ」とか言いながら食べさせる。このときにいろんなお話をして、お友だちになれるようにしているんです。

野生のチンパンジーは肉食

野生のチンパンジーは果物《くだもの》の他に、肉も食べます。イノシシを捕《つか》まえたりサルを捕まえたりして食べます。こういうハンティングはオスがやります。オスたちが「あのサルを食べちゃおう」とみんなで追っかけて行って取り囲んで食べちゃうんです。

そのときは、殺したオスに所有権《しょゆうけん》があって、このオスのところにみんなが集まってきます。

それを引き裂《さ》いてみんなに分けます。そこにメスが来て「ちょうだい」ってやります。

そのように野生のチンパンジーが肉を食べるということがわかっていたので、多摩動物公園のチンパンジーにも肉をやったことがあります。馬肉でした。

いいところの肉をきれいに切って「はい、食べてみるかい?」ってチンパンジーにやったら、生のものは気持ち悪がって食べない。

しょうがないので、フライパンで少しあぶって塩こしょうをしたら、みんな「おいしい、おいしい」って食べたんです。(笑い)

多摩動物公園にいるチンパンジーは、人間にずっと接して暮らしてきたものだから、どうも野性味がなくなってしまった。

道具を自らつくれるか?

骨を割らせるという実験をやったんです。ブタの足の骨を持ってきて、骨の両側に関節《かんせつ》があると、気持ち悪がって触《さわ》らない。両側の関節の所を切り落として棒《ぼう》のようにすると触る。

野生のチンパンジーだったら、この骨を何かで叩《たた》き割って、中にある骨髄《こつずい》

を食べる。ところが多摩のチンパンジーにスプーンで取った骨髄を食べさせるんだけど、だれも食べない。

これでは実験ができないので、骨髄を抜《ぬ》き取って筒状《つつじょう》にした骨に、チョコレートを流し込んでチョコレートが入った骨をつくってやったら、石で骨を割ってチョコレートを食べました。

それはどういう実験だったかというと、骨を石で割ると、割れた骨が鋭い三角形になって、ナイフのようになります。それをチンパンジーが道具として使うかどうかを見たかったのね。二次的道具だね。ただあるものを使うのは一次的道具。だから、さっきのジュースを取るための枝は、一次的道具。

牛乳瓶《びん》の中にハチミツをいっぱい入れて、その口をシカの皮でピタッと塞《ふさ》いでしまうんです。それを鉄の筒の中に入れると、皮の部分だけが外に出ている。チンパンジーは指で一生懸命開けようとするんだけど開かなかった。

まず、さっきのチョコレートの入った骨を石で叩き割って、

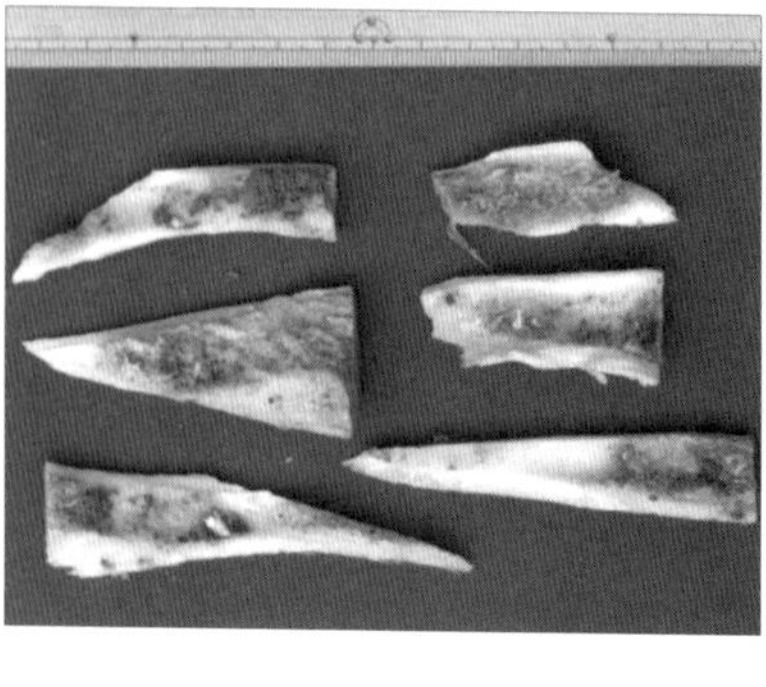

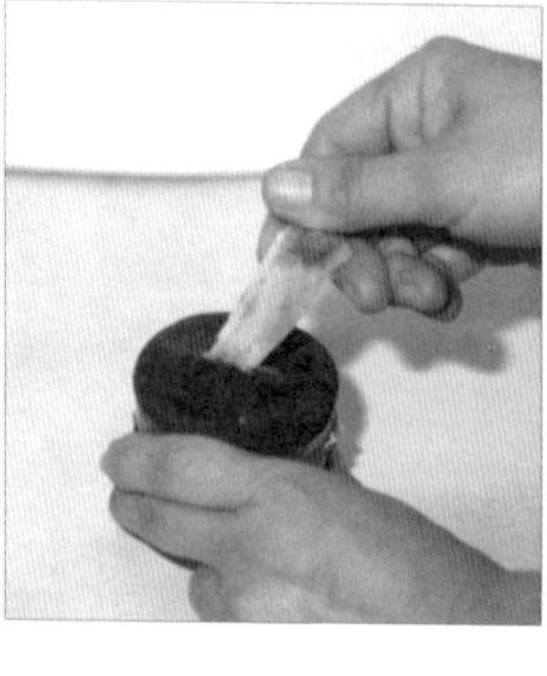

チョコレートをなめて、その尖《とが》った三角形の骨で牛乳瓶の皮を切って、そこにさっきの筆みたいな棒を差し込んでハチミツをなめた。すごいでしょ。

チンパンジーにも食べ物の好き嫌《きら》いはある

吉原　（お盆にのっている食事を指しながら）ここにあるのがベースで、いつもこれだけは入っています。でも、いつもこればっかりじゃかわいそうなので、週に一回パイナップルが入ります。それから今はキュウリ、タマネギ。夏になるとスイカ。秋になるとブドウ。

だって、君たちだって毎日同じ物食べてたらつまらないじゃない。

女子　チンパンジーの嫌いな食べ物ってありますか？

吉原　人間と同じで好き嫌いがあるので、タマネギが大嫌いな子もいるし、ダイコンの嫌いな子もいる。

女子　それぞれ違うんですか？

吉原　そう、みんな違うの。だから、他のチンパンジーはみんな好きなのに、パイナップルが嫌いだというチンパンジーもいる。生卵《なまたまご》は飲むんだけど、ゆでると食べないというのもいます。だから、二〇頭いればそれぞれみんな違

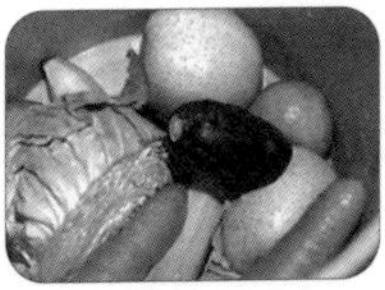

います。

チンパンジーは好きなものから食べていきますから、だいたいがバナナから食べ始めます。人間みたいに、好きな物を残しておいて後で食べようというのは、チンパンジーにはいないね。そりゃそうだよね、後で食べようったって、何かに追われたら食べられなくなってしまうから。

ヨーグルトをあげる

動物園のチンパンジーは道具を使う

男子　ストローとか使うのかな？
吉原　ストローをあげたら、それで飲むと思いますよ。それからさっきのビデオでは、ヨーグルトは格子越《こうしご》しにわたしがスプーンで食べさせていたけど、部屋の中にヨーグルトとスプーンが置いてあったら、これをパカッと開けてスプーンを使って食べると思います。
野生のチンパンジーはそんなことはできないんだけど、多摩動物公園にいるチンパンジーはわたしたち人間といっしょに暮らしていますから、わたしたちがお箸《はし》を使って食べているのを見たり、遠足の子どもたちが食べているのをようく見ていますから、いろんなことができるんです。

金槌《かなづち》を持たせると、多摩動物公園のチンパンジーはあちこちバンバン叩《たた》いて歩いちゃう。ところが、野生のチンパンジーの前に金槌をポンと置いても、だれも触りもしない。多摩動物公園のチンパンジーにシャベルを持たせると、運動場中にあっちこっち穴を掘《ほ》っちゃう。それも野生のチンパンジーに見せたんだけど、ぜんぜん興味を示さない。

野生のチンパンジーが興味を示していたのは、バナナ。箱の中にバナナを入れて箱を閉じる。それをクルクル回してどちらから開けるかわからないようにします。うちのチンパンジーはすぐそれを開けて取り出して食べる。野生のチンパンジーもすぐ開けて食べる。でも、それ以上には野生のチンパンジーは発展しないの。箱の中のバナナがなくなったら、もう興味がなくなるの。

ところが、動物園のチンパンジーはバナナを取り出した後、その箱がおもしろくておもしろくて。石をいっぱい拾ってきてこの中に入れてみたり、自分が足を突っ込んでみたり。そのうちみんなでバラバラにしてしまう。ばらばらにすると釘《くぎ》が出てくる。その釘を石でコンコンと叩いたり、そうやって一生懸命遊ぶんです。ところが、野生のチンパンジーは、餌《えさ》がある間は非常に興味を示したんだけど、それ以後は興味を示さないの。

チンパンジーはヘビやゴキブリが嫌い

吉原　野生のチンパンジーが興味を示したものが、もう一つある。ゴムでできたヘビのおもちゃ。

動物園のチンパンジーってああいうところで暮らしているから、ヘビなんか見たことないくせに、ヘビが大嫌いなんです。それでわたしがひもを持っていって、後ろから「ほら、ヘビ」って出すと、チンパンジーが「うわー」ってビビるのね。それと、ゴキブリが嫌いなの。

子どもたち　えーっ！

吉原　カブトムシやカミキリムシはみんなバリバリ食べちゃうくせに、ゴキブリは大嫌いなの。ゴキブリがスッって来るとだいたいみんな逃げます。そういう感覚が非常に人間に似ているのね。

それから野生のチンパンジーもやっぱりゴムのヘビのおもちゃが嫌いです。野生のチンパンジーと動物園のチンパンジーのヘビに対する対応が違ったの。

多摩動物公園のチンパンジーは、草むらの所に隠《かく》してあったヘビを見つけたら、みんなでギャーギャーギャー騒《さわ》いで、棒を持ってきてつついた。ところが野生のチンパンジーはヘビを見つけたら、ヘビには絶対に触らないの。ヘビの前の草を棒で叩いた。
これがもし毒《どく》ヘビだったら大変だよ。多摩動物公園のチンパンジーみたいにつついたりしたら、パッと飛びかかられるかもしれない。野生のチンパンジーは「どいてくれ」って前の草を叩くだけ。でも、多摩動物公園のチンパンジーはそういう知識がないから、突然ヘビの上を叩くんだよね。そういう違いがありました。

野生のチンパンジーは、薬草《やくそう》と毒がわかる

女子　チンパンジーに食べさせてはいけないものとかありますか？
吉原　毒の物はだめだろうね。多摩動物公園のチンパンジーは草の生えたところで生活していないので、何をやっても食べてしまう。野生のチンパンジーは薬になる草を知っているんだよ、薬草を。それはお母さんから子どもへ、またはみんなから子どもへというふうに文化として伝えられていくみたい。
アスピリアという菊科の植物があるんだけど、チンパンジーはその葉っぱを、ふつうだったらムシャムシャ食べるところを、一枚一枚取って舌《した》の上にのせてペロッペロって飲み込みます。それは薬として飲んでいるんだなとい

うのがわかります。

多摩の山の中にも「アセビ」などの毒を持っている植物がある。野生のチンパンジーたちはそういうものを経験的に知っていて食べないだろうけど、うちのは食べちゃう危険性《きけんせい》がある。だからこちらが注意して与えないと。

バナナの皮はむいて食べる

男子　バナナはちゃんと皮をむいて食べるんですか？

吉原　はい、そうです。好きな物から食べ始めるから。まずバナナはこうやってむいて（実際にむく）食べるわけだよ。（食べる）

子どもたち　あーっ！（羨望《せんぼう》の眼差《まなざ》し）

吉原　皮ごと食べてしまうものもいますが、だいたいはむいて食べます。いろんなものを食べ終わって、またお腹が空いてくると、むいた皮も食べてしまいます。

ここにあるもので残るのは卵の殻《から》と、それから煮干《にぼ》しも不思議に頭を食べません。頭は吐《は》き出します。苦《にが》いのかな。

ミカンも皮をむいて食べます。（吉原さん、また、ミカンもむき出す）

食べる

リンゴは皮をむかずにこのままかじって食べます。チンパンジーによっては芯《しん》まで食べてしまうものもいれば、人間みたいに真ん中の芯だけ残すのもいます。食べ方はみんないろいろです。

一食分は、だいたいこれで一〇〇〇円ぐらいかな、一日一〇〇〇円。

女子　チンパンジーはウニとか貝柱《かいばしら》とかも食べられるんですか?

吉原　食べられると思います。

ただ、先ほども言ったように、チンパンジーは泳げません。だから野生だと水のそばにはあまり行きません。怖《こわ》いから。チンパンジーもゴリラもオランウータンも教えれば泳げるようになります。赤ん坊のときに水の中に入れて、泳ぎ方を教えれば泳げるようになります。犬かき（笑い）。

起床・トイレ・就寝《しゅうしん》

女子　多摩動物公園のチンパンジーは、夜何時に寝ていますか?

吉原　ビデオカメラを置いて調べたことがあります。

チンパンジーは部屋に帰ってくるのが四時ごろで、ごはんが置いてあるの

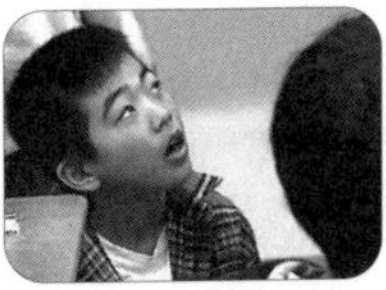

あーっ!

でそれを食べますね。部屋の電気は五時過ぎに消してしまいます。今時分（一月）だと暗くなるのが早いから、早く寝ちゃうみたいだ。それからまた夜中に起きたりしています。合計すると八時間ぐらいは寝ています。すごく幸せだよ。勉強もないし、宿題もないし。暗くなったら寝て、明るくなったら起きて。とってもいいでしょう。君たちも来るかい？

男子　飼育してくれる？

吉原　飼育してやるよ。

男子　トイレはどこでするんですか？

吉原　いい質問だね。基本的にイヌとかのように地上を歩いている動物は、フンをするとそこに残るでしょ、自分の生活空間に。

ところが、チンパンジーのように木の上で生活していると、トイレをしても下にポトンと落ちて、あまり自分に関係がないので、なかなかトイレトレーニングがしにくいんです。でも、ちゃんと教えればトイレに行って、用を足したら水を流します。そのくらいのことはチンパンジーにはできます。

動物園では部屋の中に外に出るための階段があるんです。だいたいその階段にトイレをし

檻から出ていく階段

ます。

男子　自分の入り口に！　出られなくなっちゃうよ。

吉原　そう。だから朝出ていくときにそれをよけて出ていきます。

女子　ガーネットみたいな赤ちゃんでも、大人と同じものを食べるんですか？

吉原　チンパンジーの赤ん坊は、人間の赤ん坊とほとんど同じ状態で生まれてきます。体重が平均で一五〇〇グラムぐらい。仰向《あおむ》けに寝かせたとき、自分で寝返りが打てるようになるまでに三か月かかります。ものにつかまって立てるようになるのが六か月。離乳《りにゅう》するのが一二か月から一八か月ぐらい。だから人間の赤ちゃんと同じでしょ。

今ガーネットはおっぱいしか飲みません。一年ぐらい経つとヨーグルトや卵をつぶしたもの、バナナをつぶしたものとか、離乳食をつくって食べさせていきます。そして、だんだん果物や野菜を小さく刻《きざ》んだものを食べるようになります。

三か月ぐらいから、前歯が二本生えて歯が生え始めます。その歯は乳歯ですから、七歳から八歳で永久歯に生え替《か》わります。そういうところも人間とほとんど同じです。

ビッキーはちょうど歯が抜《ぬ》け始めています。

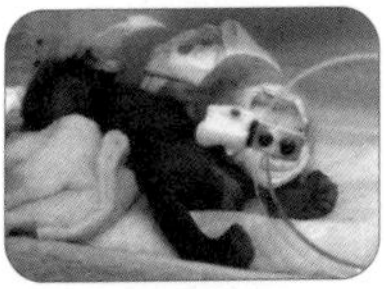

男子　チンパンジーどうしで争いが起こったときはどうやって解決するのですか?

吉原　それを仲裁《ちゅうさい》するのがボスの役目だね。

もうお昼すぎちゃったよ。お昼にしよう。

密着取材　飼育係の一日

夜具を出してもらったときの喜び

夜具のやりとりが一つの馴致《じゅんち》になっていて、今のわたしは、簡単に夜具を渡してもらえるけど、新人がスムーズに渡してもらえるようになるには、一年ぐらいかかるよ。

特に寒い日は、チンパンジーも暖かい夜具にもぐっていて、それを朝、「起きろ」と出させるわけですから。人間だって布団《ふとん》を剥《は》がされるのはいやでしょう。それと同じで夜具をなかなか出してもらえないんだ。

チンパンジーは飼育係をばかにして、聞こえているのに、一切出さないことがある。でも、それを叱《しか》れない。最初に叱ってしまうと、関係がよけいに悪くなってしまうから。彼らのプライドの問題もあるからね。

ジャーニーさんなんか子どもが一〇頭もいて、曾孫《ひまご》までいる。そんなおばさんに学校出たての若いのが来て、「ジャーニー、夜具を出せ」と言ったって出すわけがない。

気がつかないでそれを叱ると、その先一年で済むところを二年ぐらいかかってしまう。だからやはりお願いして、「自分の方が順位が下なんだ」

寒くて夜具をかぶったまま

夜具を干す

ということを認める。わたしが「ちゃんとさんづけしろよ、おまえの方が順位が低いんだから」と言うと、若い人は「ジャーニーさん」って言う。ところが言葉だけではダメなんだね。気持ちが入っていないと、相手もそれを見抜《みぬ》いていて、言うことを聞きません。

からかわれてからかわれて、だんだん気がついてくる。本心で「ジャーニーさん」という気持ちで言えるようになると、ちゃんと夜具を出してく

ヨーグルトを先にやる

尻や手を見せてもらう

れるようになる。難しいですよ、チンパンジーは。「おれは人間、おまえは動物」という気持ちで接してしまうから、難しいんです。

反対にそれをがまんして、「ジャーニーさん」と呼べるようになって夜具を出してもらったときの喜びはひとしおだよ。

——この夜具のやりとりが、彼らとのコンタクトになるわけですね。

そうですね。夕方には、彼らにヨーグルトをや

るのですが、その場合はこちらからものをやるということですから、わりと彼らも言うことを聞くんです。この夜具については彼らは理屈《りくつ》もよくわかってるんです。洗濯《せんたく》するから渡さなきゃいけないことは。

チンパンジーの飼育は、やり出すとみんなハマるね。

アリ塚にジュースを入れに行く

冷蔵庫から紙パックに入ったジュースを一〇本ぐらい取り出し、アリ塚《づか》へ行く。

人工アリ塚の中には、ステンレス製の深さ五センチぐらいのおぼんが三つ入る。そこに種類の違うジュースを入れ、チンパンジーに開けられないようにナットをきつく締《し》める。

初代アリ塚

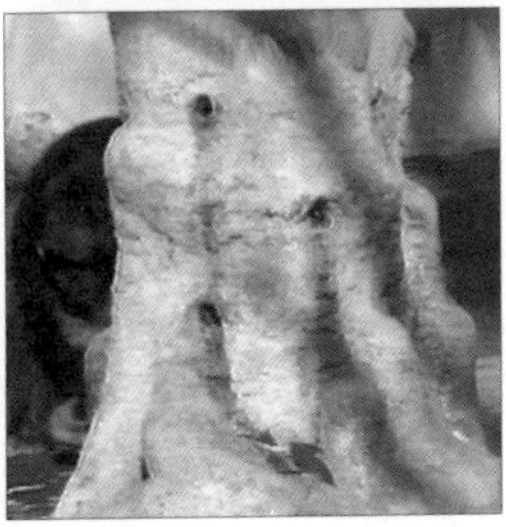
二代目アリ塚

このアリ塚は初代。このアイデアは日本でも、おそらく世界でも、初めてなんじゃないかな。非常に良いアイデアでした。

（移動）これが二代目のアリ塚。アフリカのアリ塚の写真を見て、色合いも形もほとんど実物と近いものをつくった。

——最初は、「こうやるんだぞ」って、チンパンジーに教えるんですか？

いや、ぜんぜん教えません。棒を与えただけです。チンパンジーは好奇心がすごく強いから、みんなで「ワーワー」言って、穴が開いてるから棒を突っ込んでみる。

　最初はジュースではなく、はちみつを使っていました。どろっとしているから、枝の先についてくる。それからジュースにしたり、はちみつ水にしたり、トマトジュースにしたり。

　冬場はトマトジュースでもいいんだけど、夏場はすぐ腐《くさ》るから。

——ジュースになってからは、棒の先を少し噛《か》んだりするんですか？

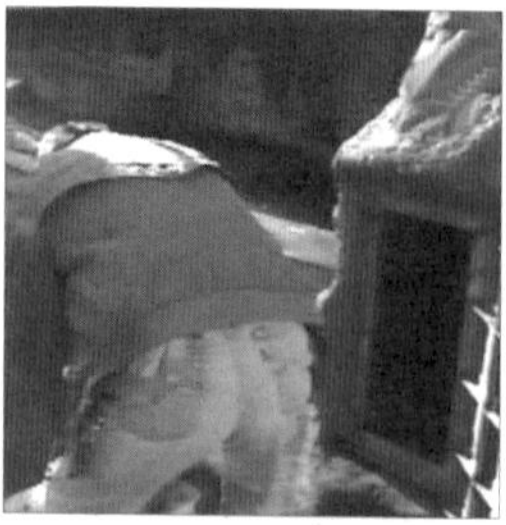

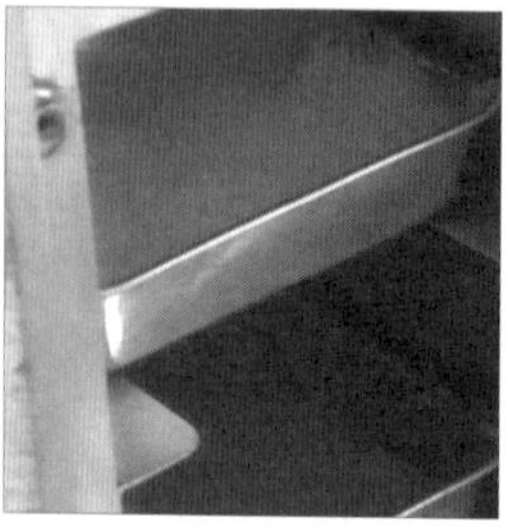

ボルトを締める

アリ塚でジュースをなめる

　そうです。はちみつのときはただの棒でも先についてきたけど、はちみつ水になるとあまりついてこないから。

——多摩動物公園にいるアフリカで生まれたチンパンジーも、実際のアリ塚で食べた経験はないんですか？

　ないです。五、六歳にならないとやらないみたいですから、経験した者はいないでしょうね。ほとんどが小ちゃいときに連れて来られますから。

ここにいるチンパンジーでもアフリカ生まれは

少なくなって、日本で生まれたのがほとんどです。

（ボルトを締めながら）なんせ力が強いから、きっちり止めておかないと。

このボルトにたどり着くまで、ずいぶん試行錯《しこうさく》誤《ご》したんだよね。鍵《かぎ》でやってみたりしたんだけど、少しがたがあるもんだから、ドーンと蹴《け》られると鍵が中で曲がってしまう。そうすると開けようとしても開かないし、閉めることもできない。しっかり締めて動かなければ、彼らは開けようとはしませんから。

飼料を入れる

飼料を食べるサル

遊具

下にタイヤが付いた遊具に固形状の餌《えさ》を入れる。


タイヤを振ると、この穴から餌が出てくる。

——これは何ですか？

これは「新世界ザル」といって小さなサル用の固形飼料《こけいしりょう》。何でもいいんです、穴から出てくれば。

それからこの石器だね。ここの凹《くぼ》みにナッツを

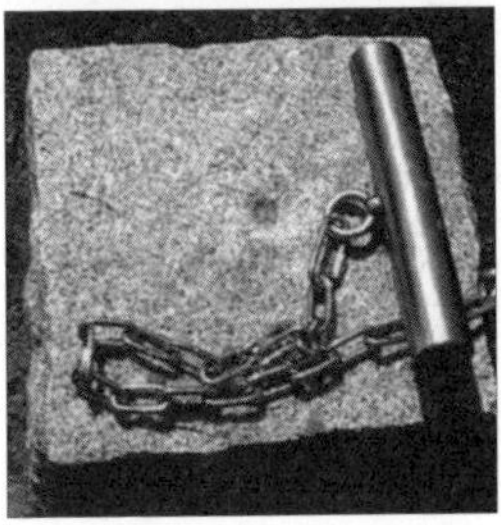

置いて、叩《たた》いて割って食べる。
ここでは、チンパンジーを退屈《たいくつ》させないこと。

「知恵の木」（高い柱）によじ登って、たくさんの穴のそれぞれに「新世界ザル」やピーナッツを詰め込んでいく。

けっこう準備が大変なんだよ。仕掛《しか》けをつくればつくるほど、準備が大変なんだ。この他に道具も与えないとならないから、掃除《そうじ》も大変になるし。

知恵の木に登り、飼料を詰める

この穴に入れる

――吉原さんには、いい運動になりますね（笑い）。

高さ一メートルぐらいの透明《とうめい》な筒《つつ》で二階建てになっているＵＦＯキャッチャーがある。中にさまざまな果物が入っている。

これは、この二階部分の穴から果物などを下に落として、一階の穴へ入れると、外に出てきます。筒の側面に開いている穴から枝を差し込んで、下へ果物を落とす。これも遊具です。

フルーツは穴から遠くに

ＵＦＯキャッチャー

これはアイデアとしては、昔からあったんだけど、(透明の筒の部分を指して)このアクリルの値段が高くて、なかなかつくれませんでした。

アリ塚は中身が見えないんだけど、これだとお客さんにも中身が見えて、チンパンジーが何をしようとしているかがわかる。

——食べ物に好き嫌いがあるみたいですね。

そうそう。だからゼリーとかから先に落として、ニンジンとかが残りますね。でも、ニンジンは子どもたちが取って食べますから。

取り出し口で待っている

取り合い

取り出し口で待っていて、横取りするやつもいます。自分は棒でつつかないでね。取られるほうにお客さんも応援するの。「取られちゃうから早く取りなさい」って。(笑い)

今は取り出し口が一つなんだけど、本当は枝分かれさせたかった。どっちに出るかわからないでしょ、へへ(笑い)。

今はどこの動物園でも、チンパンジーのためにいろんなアイデアを出して遊具をつくってますね。

——ここはそういう意味じゃ先駆者《せんくしゃ》?

まあ、本当の先駆者でしょうね。ここは研究所じゃありませんから、お客さんにも見て楽しんでもらわないといけない。

あとは、自動販売機とかもやってみたいですね。今、このUFOキャッチャーには果物が入ってるんだけど、果物の代わりにコインを入れておいて、それを取り出したら、自動販売機のところへ行ってそういうものを買うとかね。

そういうのを見せれば、チンパンジーの知恵の高さをお客さんに見てもらえる。そういうのもやってみたいですね。

まだまだ考えれば、いろいろなアイデアがあるんじゃないですか。

——こういうのも、「先取り特権」が守られているから成り立つわけですよね。

そうです、そうです。チンパンジーの社会ではだれかが先にいたら、ちゃんと待つわけです。人工アリ塚でも枝の先を噛《か》みほぐしながら待っているわけです。それで、ある程度なめたらどいてあげるとか、そういうのがないと、こういう遊具は成り立ちません。強い者だけが来てさっさと取ってしまうということはありませんから。

運動場で

チンパンジーを運動場に出す。チンパンジーは興奮してはしゃぎ回る。地下通路を通ってチンパンジーは出ていく。

新チンパンジー舎の自販機

タイヤで誇示行動

名札をかける

名札を出番表にかける。

――朝、運動場でこの日のチンパンジーの調子とかを確認するわけですね。

まず、数を確認する。それが基本だから。確認しないで檻《おり》の中の掃除《そうじ》をするわけにはいかない。

　運動場では、壕《ほり》に張った氷を珍《めずら》しそうに食べるものもいる。

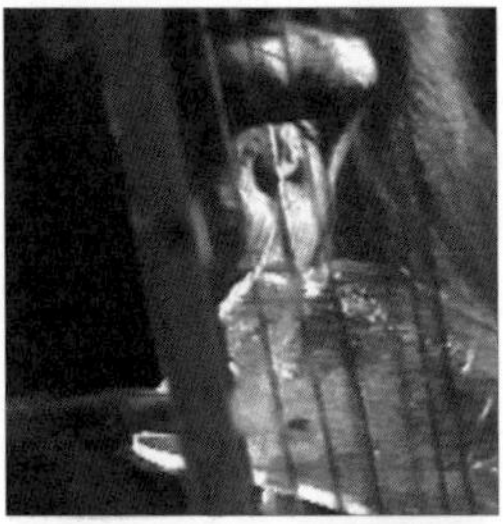
氷を食べるケリー

平和

群れは今、平和だよね。ケンタがおとなしくなった。暴力《ぼうりょく》を振るわなくなって。

――それでも秩序《ちつじょ》みたいなものは保たれているんですか?

うーん、まあ、ラッキーがけんかは仲裁《ちゅうさい》するし。ケンタには一人でがんばらなくっちゃという気負《きお》いがなくなったから。前は、気負いの部分で腕力《わんりょく》に頼《たよ》っていたけど。

　その気負いがなくなったらおとなしくなって、メスたちもみんな静かにケンタのそばにいるでしょ。前は、ケンタが動くと、メスたちがビリビリ怖がっていたけど、今は怖がることがないから。またそういうことをやったら、ラッキーがケンタを制するでしょう。

　前のボスのジョーがあまりに偉大《いだい》だったから、ケンタがだらしなく見えて、かわいそうといえばかわいそう。まだボスになって二年ぐらいだから。ジョーだって一〇年、一五年ぐらいかかって立派なボスになったんだから。

ケンタはジョーが群れを管理する姿を見て育ってきたわけだから、暴力を使わなくてもみんながあいさつに来て、群れが管理できるということはわかっていると思う。

——群れの大きさとしては、これぐらいがいい数なんですか？　それとももっと大きな群れを？

野生でも二〇頭ぐらいの群れで暮らしていることが多いわけですから、これぐらいでちょうどいいと思います。年齢《ねんれい》的にも、いちばん上が四三歳でいちばん下が〇歳、それで悪ガキもいっぱいいる。いろんなのがいていいいんじゃないですか。

ここは見ていて飽きないですよ。小さい子どもが遊んでいる。レスリングをしたり。その子どもとだれが兄弟かというのがわかって見ていればもっとおもしろくなってきます。

チコとカコは叔母《おば》と姪《めい》。チコとコースケは兄弟。チコとココも兄弟。ラッキーとナナも兄弟。メロンとチェリーも兄弟などと。

ラッキーは全身の毛を立てて、一日中毛を立てて自分を大きく見せている。すごいよね。肩《かた》の部分の毛が立って。

メスはなで肩だけど、オスは肩が張ってるね。ケンタはなで肩だね、オスのくせに。

ラッキーはオスオスした顔だね。

——かっこいいですね。

そうだよ。お腹がキュッと締《し》まっていてね。ケリーなんかはお腹がプクッと膨《ふく》らんでいて、まだ幼児体型だね。

ラッキー

でも、ラッキーがいなくなったらケリーがすぐオスらしくなるよ。とってかわって。かなりラッキーにプレッシャーがあるんだ。

それと、ケリーのお母さんのリリーがまだ過保護だから。あんなにケリーが大きくなっているのに、子どものけんかに出て来るんだから。ラッキーの場合には、お母さんのジャーニーが何もしないのでね。

リリーとケリーは部屋に戻《もど》るときもいっしょに入ってくるでしょ。お母さんによってずいぶん子育てが違うから、やっぱりそれは子どもに反映しているよね。

運動場からチンパンジー舎に戻った吉原さんは、すごく水圧の強いホースで部屋の掃除を始めた。女性の飼育係の人は、餌の準備をしている。煮干しを各部屋にばらまく。餌の入ったバケツを持って、各部屋へ行き、コンクリートの床にドサッとぶちまけた。

ガーネット

一九九九年の一月一一日、チンパンジー村で赤ちゃんが生まれた。体重一三二〇グラムのメス。母親が抱かないため、吉原さんたちが人工保育することにした。

自然の中ではなく、動物園で生まれ育ったチンパンジーには、育児ができないケースが多いと言われている。

母親はベレー、三三歳。六年前に上野動物園か

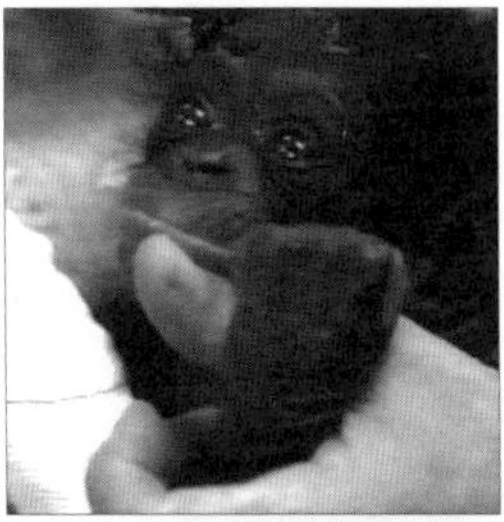

ガーネット

ベレー

らやってきた。これで三回目の出産だが、子ども
を育てたことはない。
　別の日、吉原さんは、ベレーの部屋へ向かった。
（檻の外から）ベレーさん、赤ん坊の子育てはや
っぱりだめかね。赤ちゃんは、ぜんぜんダメ？
　ベレー、部屋の隅でうずくまっている。
　吉原さんは、檻の鍵を開けて中に入って、直接
ベレーに尋ねる。

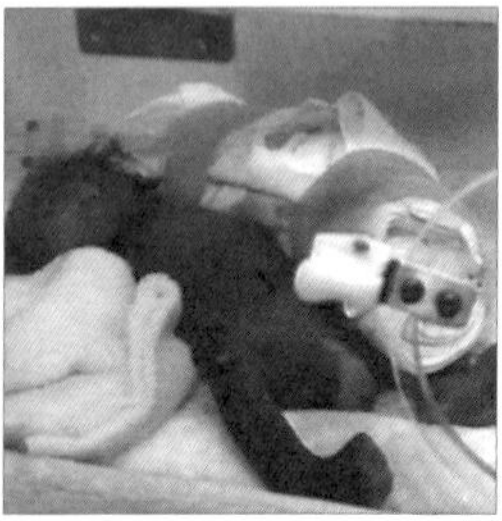

ベレー、奥へ行ってな。ちゃんとそこへ座って。
　ベレーは、吉原さんと向かい合う。吉原さんが
持ってきた夜具を受け取り、自分の陣地《じんち》を確保す
るように、それで堤《つつみ》をつくる。
　吉原さんは、ヨーグルトをスプーンで食べさせ
ながら、ベレーに再度尋《たず》ねる。
赤ちゃんを連れてきても、もう抱かないかね？
　ベレーは「ウゥウッ」（この小さい「ッ」のときは
息を吸い込んで発音）。
ねえ、ベレーさん。赤ちゃん連れてきても、抱
きませんか？　ダメですか？
　ベレーは、無言で一生懸命ヨーグルトを食べる。
　この日、吉原さんは、ベレーの生んだ赤ちゃん

を見に行く。このときはまだ名前がついていない。課外授業の子どもたちが見せてもらったガーネットである。

一三五〇グラムでは標準か。（女性に）「もう起きたか?」「お尻がちょっと腫《は》れているみたい。痛々しい」

吉原さんは、ガーネットに自分の指を握《にぎ》らせる。

おっかさんに似ているな。ベレーさんみたいだ。

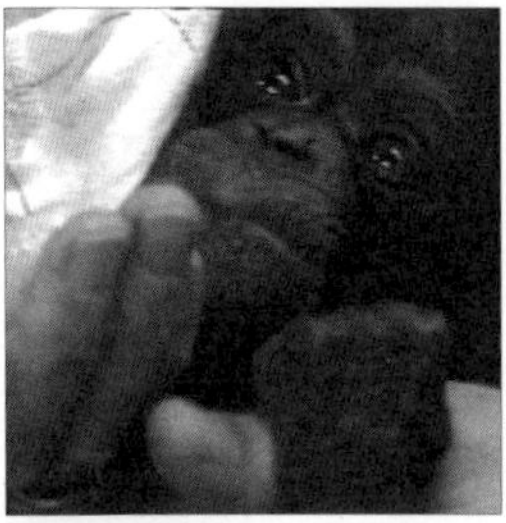

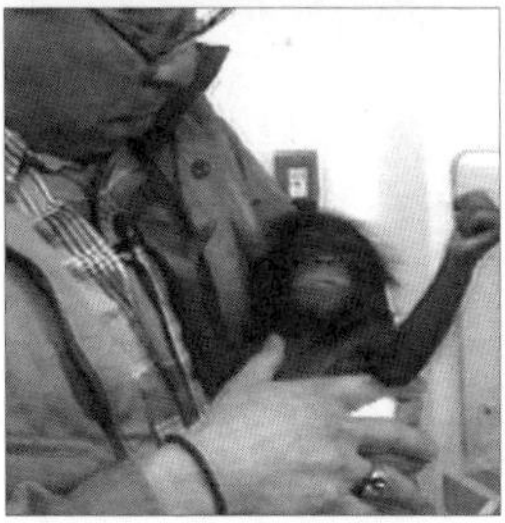

ベレーさんみたいな顔しているよ。かわいそうに（笑い）。ラッキーに似りゃいいのにな。はっきりした顔しているな。

（ガーネットを保育器から出して抱く）だんだん大胆《だいたん》なことをするようになっちゃうんだ。医者に怒られちゃう。（ガーネットを保育器に戻し、バスタオルをまるめて古ストッキングで縛《しば》ったものを抱かせる）

ベレ子。ベレ子じゃかっこ悪いな。何て名前にしようかな。

これから大変だ。おむつ取り替えておっぱい飲ませて。

（保育器の中のガーネットを見ながら）これじゃちょっと抱かせるのは無理だな。よっぽどお母さんがケアしてくれなきゃ。床に置きっぱなしにされると困るよ、冬だから。

吉原さんは、熱い粉ミルクの入った哺乳瓶《ほにゅうびん》を水道で冷やして適温にし、ガーネットに飲ませる。

――（ハッチの飼育日誌を見る吉原さんに）ハッチは生まれたときは何グラムだったんですか？

一一〇〇グラムだね。ガーネットは大きいよ、一三五〇グラムだから。

ハッチも生まれたときはそのぐらいあったと思うんだけど、お母さんが抱いていてもおっぱいが出なくて、やせてしまった。

――保育器には、どのくらいいるんですか？

だいぶいるんだね。一か月ちょっとかな。その後、温度管理ができるものになって、それから檻になります。

ハッチ

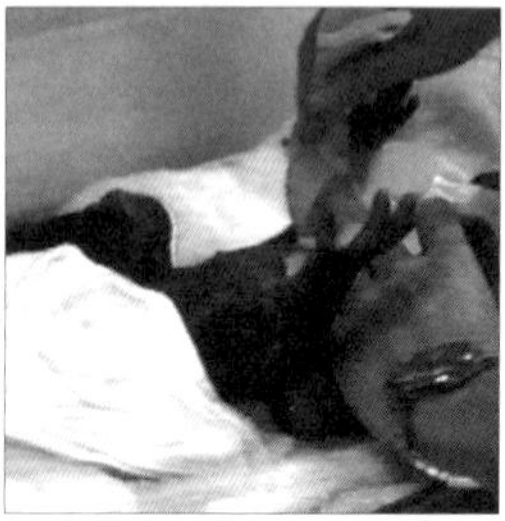

おしめを換える

ここで人工哺乳《ほにゅう》をしたチンパンジーは、ガーネットで九頭目になるのかな。だからノウハウはたくさん持っています。

ハッチの場合は、その後、群れに入る予定がなく、最初から外（多摩動物公園以外）に出るということが前提《ぜんてい》でした。ガーネットはメスなので、ここに残ることができるんです。ラッキーはお父さんだから交尾《こうび》はだめだけど、ケンタならオッケー。

――群れにはどうやって戻すんですか。

これが難しいんだ。

チンパンジーは五〇年も生きるわけだから。群れに入れられればいいけれど、そうでないと中途半端になってしまうからね。

人間に育てられるから自分が人間だと思ってしまう。中途半端な生き物だけど、力はすごいわけです。だから、しっかりと彼女のこれからの方針を決めてやらないと。今度の会議で話し合います。

いちばんいいのは、この群れの中に戻すこと。その他の場所で群れに入れればそれでもいい。

お母さんのベレーさんが子育てができないから、だれか養母《ようぼ》を探さなくてはね。ベロか……。

ハッチというオスの子のように、みんなで抱いて楽しんだりはしない。なるべくチンパンジーたちに毎日のように見せて、群れのみんなに顔を覚えてもらって、そうやって群れの中に入るのがいちばん幸せでしょう。

そうすりゃチンパンジー語もできるようになるわけですから。チンパンジー語がわからないで、チンパンジーのことを怖がると、群れには入れられないから。

部屋へ入れる

舎へもどってきたチンパンジーを、一頭一頭名前を呼んで部屋に追い込んでいく。部屋に入ると、そこにある餌を食べる。全員を部屋に入れるのに

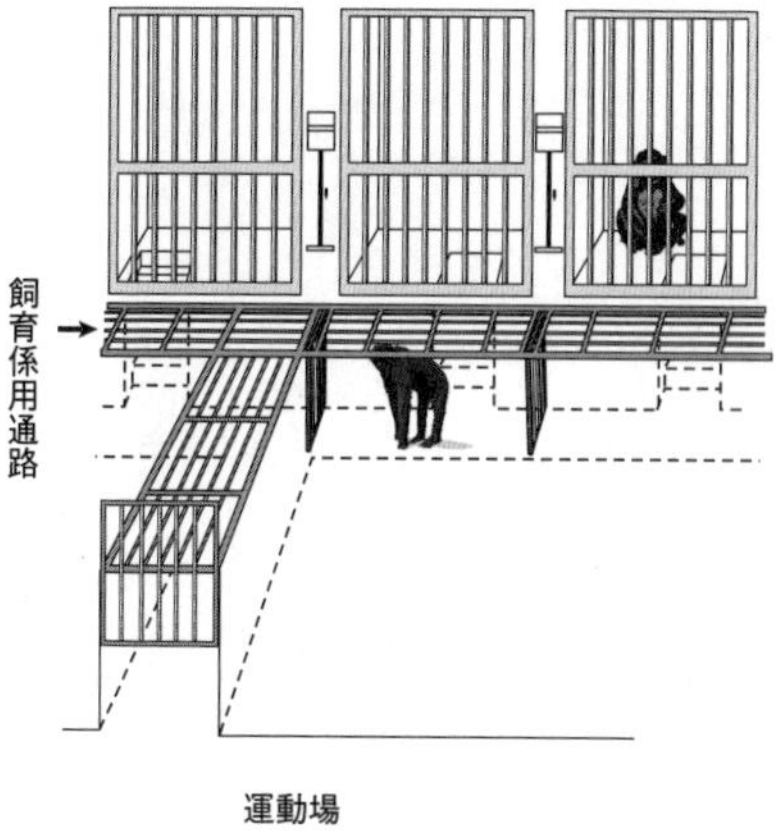

シュートの構造　運動場から部屋への通路はシュートとよばれる。シュートは間口1メートル、高さが1メートル、長さ20メートル。半地下で、飼育係の通路の下にある。シュートに面してチンパンジーたちの部屋の扉がある。シュートの間仕切りを利用して、飼育係はチンパンジーをそれぞれの個室へと入れる。

はかなりの時間がかかる。なかなか入らない子どもチンパンジーに、吉原さんは「ほらー、何やってんだー」と怒鳴《どな》っている。

みんなが檻に収まってから、食パン二枚を配る。パンをやりながら、人数の確認をする。

「はい、ご苦労さん」「ペコ、おいで。娘、ちゃんと連れて入ってこいよ」

中に入りたくて扉の周りに

人数の確認

ベロ・ベレーに話しかける

ベロさん、こんにちは。（鉄格子を摑んでいるベレーの手をさすする。ベロは「ウホウホウホウホホホホ」とあいさつを返した）

よろしい。ベロさん、撮影があったっていいじゃん。ちょっとお顔を見せて。目やにが出てるじゃない。風邪《かぜ》ひいた？　どこかぶつけたの？

いいものあげよう（ナッツをあげる）。

ベロさん、ちょっとお尻《しり》を見せて。（ベロは後ろを向いてお尻を突き出す）はい、よし。こっち向いて（正面を向かせる）。

お耳は？（耳のチェック）はい、オッケー。

はーい。ベレーさん。（向かいの部屋にいるベレーの前へ行く。するとベロが興奮して、鉄格子をガタガタガタさせる）よしな、ベロさん。

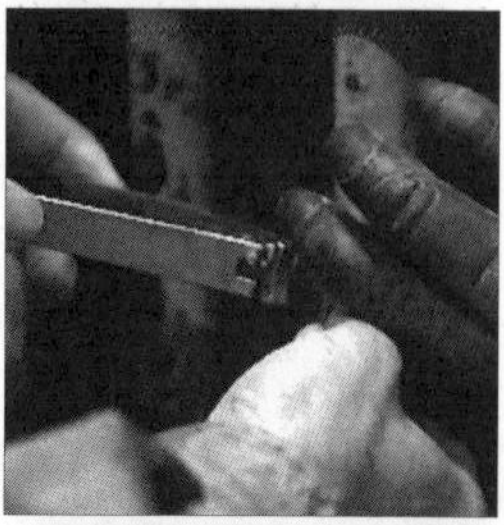

爪切り

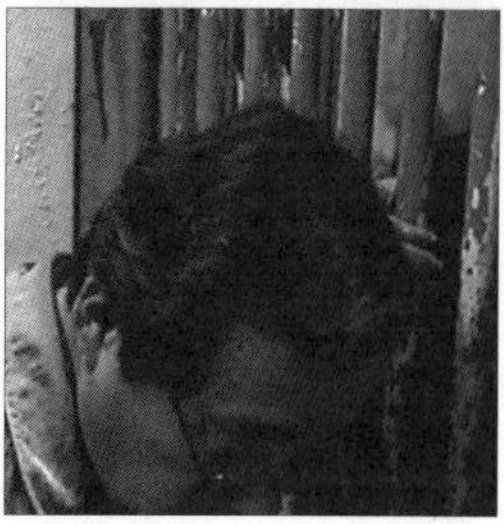

頭もグルーミング

ベレーさん、おいで（部屋の奥でうずくまっていたが、やって来る）。ベレー、お腹《なか》見せて。赤ちゃん出た後のお腹見せて。それはお尻だよ。まだ血が出てるね。

はい、お腹見せて、お腹。大丈夫か？　まだちょっと産褥血《さんじょくけつ》が出てますね。はい、オッケー。じゃあ、ベレーにもおいしいのをあげよう（ナッツを取り出す）。

それを見ていた後ろのベロが、鉄格子をガタガタ鳴らして騒ぐ。

ベロ、ほらやめなさい。（ナッツをやる）おいしいだろ。（ベロは静かになる）（カメラに）見てくれ、この手。これだもの。握力二六〇キロもあるんだもの。かなわないよな。（手をさすりながら）ベロは何キロあるの？　八〇キロぐらいあるの？　爪《つめ》切らなくて大丈夫か？

艦越しにベロの爪を人間の爪切りで切る。やすりもかけてやる。

いいじゃないか。カメラのおじちゃんに撮ってもらえよ、美人なんだから（ベロしきりにうなずく）。（爪を切り終えて）はいオッケー。はいありがとう。（ベロが顔を突き出して吉原さんにしきりにうなずく）じゃあ、グルーミングしてちょうだい。

ベロは檻の中から手を伸ばして、吉原さんの手をつまむようにグルーミングをする。

わたしの逆剝《さかむ》けもちゃんと取って。そうっとだよ、そうっと。そうそう。痛《いた》くしたらだめだからね。親指もやってちょうだい。爪の中も。

これでぱっくりやられたら終わりだよ。指が全部なくなっちゃうよ。

（髪《かみ》の毛も、耳もグルーミング）ギーッとやるなよ。痛いなあ。あ、気持ちいい。いいぞ、もっとやれ、やれ。

ありがとな、ありがと。

——爪を切るというのは、そういうことができる関係ができているということですね。

別に爪を切らなくてもいいわけだよ。爪切りを持っていって、相手の手を触るだけでもいい。

最初は、わたしの爪を切って見せる。彼らはすごく興味深く見ている。野次馬《やじうま》的なところがあるから。「何だ？」って見に来る。「じゃあ、おまえのもやってやるよ」って。最初は触るだけ。だんだん切れるようになってくる。こういうことをやることによって、薬を飲ませられる、傷口《きずぐち》の消毒《しょうどく》ができる。こういうのを馴致《じゅんち》といいます。

夕方、ヨーグルトをやる前に、お尻とかを見せろ、と言ったら、見せてくれるわけだ。目の前にヨーグルトがあるから。だけど、ヨーグルトを食べさせ終わってからやるの。だから、餌で釣っているわけではない。

今、ベロとベレーさんのところでも、おやつのナッツを持って行ったけど、ナッツを見せてからやるわけではない。ナッツをあげてからやる。

わたしたちが餌を持っているときは言うことを聞いて、持っていなければ聞かないというのでは困る。

——決して「飴《あめ》とむち」ではない？

ではない。

——夜具を出してもらえるまでがだいたい一年とおっしゃいましたが、爪を切るまではどのぐらい？

まあ、三、四年。それと、危険だから。あんなに太い指をしていて握力もすごいわけですから、こちらは指をファッて握られてしまえば、簡単に砕《くだ》けてしまいます。本人が「もう、大丈夫かな」という気にならないとできません。

また、ここには二〇頭のチンパンジーがいて、人間も含《ふく》めてそれぞれに個性《あいしょう》があるから、相性の合うやつと合わないやつが出てきますからね。

二日目　大げんかを目撃

取材班は、運動場にカメラを向けて、チンパンジーの行動をじっと追っていた。すると、カメラは偶然、大げんかの一部始終を目撃《もくげき》することになった。

のんびり静かで、いつものように平和な運動場が、突然、騒《さわ》がしくなる。何が起こったのかは一瞬《いっしゅん》わからない。全身の毛を立てたチンパンジーたちがもみ合い始めた。「キャー、キャー」とみんながいっせいに騒ぎ始めて、動き回る。

どうやらミミーがジャーニーの耳を咬《か》んだらしい(1)。ジャーニーのすごい歯が見える。赤く見えるのは血だろうか。ジャーニーは悲鳴《ひめい》を上げて逃《に》げる。それをミミーが追いかける。

ジャーニーはすぐ取り押さえられ、背中《せなか》からはリリー、下からナナが取り囲んでいる。ナナはジャーニーの娘だ。咬《か》まれた部分をかばおうとしたのか、それとも仲のいいミミーの加勢《かせい》をしたのかは見ていてもわからない。ラッキーやケンタなどのオスもかけつける。

耳を咬んだ(1)

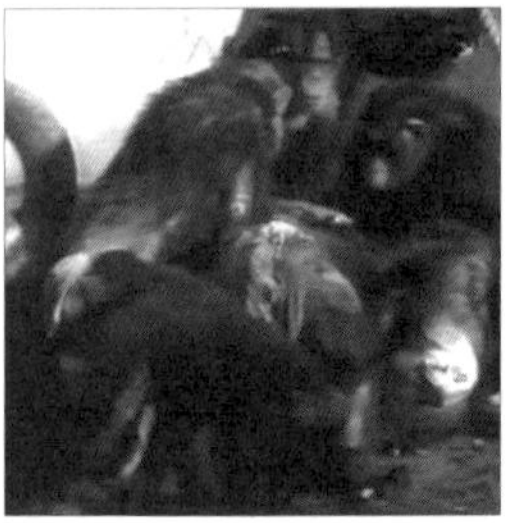
乱闘

ラッキーはひもに足をかけているケリーの背中を押して、いっしょに来るようにうながす。ビッキーもあとからついてくる。

ジャーニーは運動場の右はじ、壕《ほり》に近いところで怯《おび》え、歯を剥《む》き出している。歯が血で真っ赤になっている。「キャーキャー」とずっと叫《さけ》び通しだ。ケンタが近づいてなだめる。ラッキーもなだめに来る。が、ジャーニーは、口を大きく開けて叫び続ける。興奮が冷めやらない(2)。

ケンタはうろうろし、他のオスもやって来ては

怯えるジャーニー(2)

ジャーニーをなだめる

ジャーニーをなだめているようだ。ケンタもなだめに行くが、歩きながらうんこをたらし、ジャーニーのそばに落としてしまった。まるで照れ隠しのように、鉄扉《てつとびら》を勢いよく蹴《け》りに走った。

ジャーニーは右手も咬まれたようで、はっきりと血が見える(3)。その右手を保護するように自分の胸の前に当てている。

ラッキーら三頭のオスが、ガードするようにジャーニーにつきそって、ジャーニーを運動場の左へ追い込んでいった。

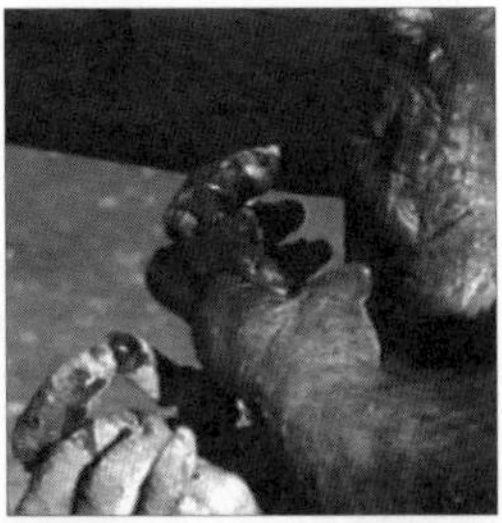
咬まれた手(3)

ケンタ、落ち着かせる(4)

ジャーニーはまだ興奮しているので、ケンタは落ち着かせるためだろうか、自分の右手をジャーニーの剥き出された歯の前に出した(4)。ジャーニーは、やっと壕の縁《ふち》に腰掛《こしか》ける。どうやら両手とも傷を負っているようだ。両指から血が出て赤い。傷をなめる。他のチンパンジーたちは心配そうに周りに集まる。運動場は依然《いぜん》として騒がしい。

ケンタは腰掛けて、鼻くそをほじっている。

一方、ミミーのほうもまだ興奮は収まっていない。体を左右に振りながら勢いをつけ、再度、ジ

ミミー、臨戦態勢(5)

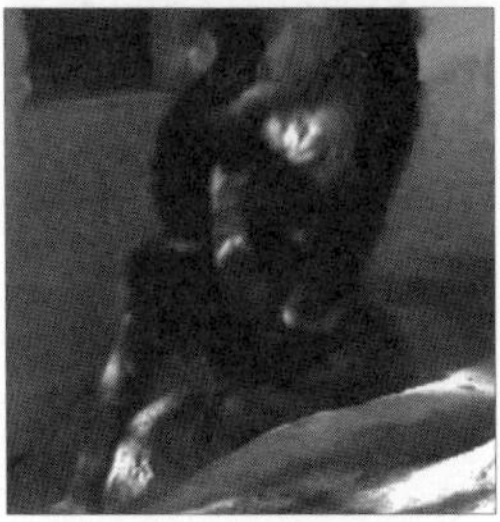
跳び蹴り(6)

ャーニーに突進《とっしん》しかかる(5)。ケンタは知らんぷりしていたが、そのとき突然、ジャーニーを襲《おそ》うミミーの背中に、ラッキーが跳《と》び蹴《げ》りを食《く》らわせて、この攻撃を防いだのだった(6)。

ナナはミミーの頭を抱え込んで、後ろ向きにジャーニーから離れさせるよう誘導《ゆうどう》する(7)。

ジャーニーは、正面壕ばたに移動して、右手の傷をなめる。ココ、カコ、チェリーが心配そうにジャーニーの周りに集まってくる。

ラッキーは何を考えているのだろう、扉を左足で蹴った。どんな気分の表現なのだろうか。

心配してジャーニーの周りに集まってきたチンパンジーたちの外側を、ミミーが毛を逆立《さかだ》ててうろうろしている。落ち着きがない。

ケリーとラッキーがジャーニーを囲んでいるところへ、今度はのっそりと寄ってきた。それでジャーニーは、また移動し始める。みんなで、ぞろぞろとついていく。

また、ラッキーが壁《かべ》を蹴った(8)。今度はかなり高く飛び上がった。

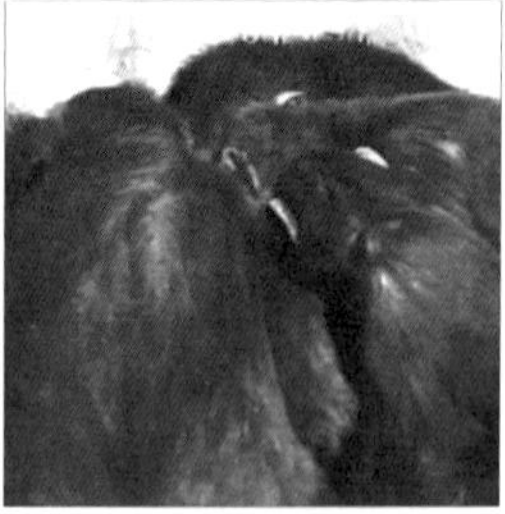
ジャーニーを心配して集まる

ナナ、ミミーを引き離す(7)

(8)

叫ぶミミー(9)

T字型のコンクリートの塀の上に、ミミー、ココ、そしてココの背中の上にカコがいて、「オッオオー」と叫びながら、前後に動いている(9)。T字コンクリートの下では、ジャーニーが傷をなめている。

サザエはただならぬ雰囲気に怯えた様子。ケンタの所へ行くと、ケンタは左手をサザエの剥き出している歯の前に出して、なだめる(10)。

サザエをなだめる(10)

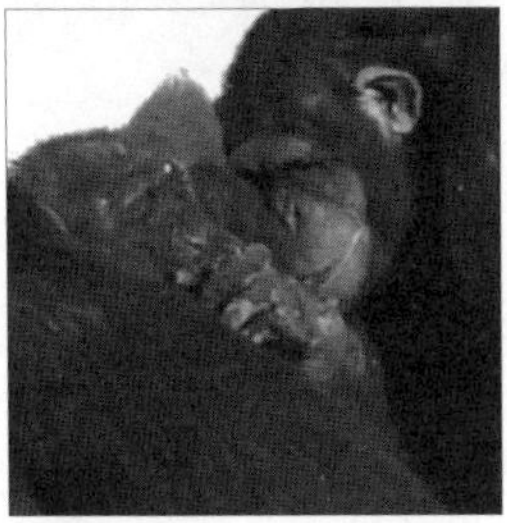
傷をなめるケリー(11)

ジャーニーは傷をなめまくっている。ケリーもなめてあげる(11)。ジャーニーは目の上にも傷を負っているようだ。

みんなに囲まれているジャーニーに、けんか相手のミミーが近づいてきた。先ほどから近づく機会をうかがっていたのだ。そして、ミミーがジャーニーの左手の傷をなめた。するとジャーニーは、おとなしくなめさせたのだ。仲直りなのだろうか。今度は、ジャーニーはおかえしにミミーの首を抱いて顔をなめているようなそぶりを見せる。ジャ

ミミーの傷をなめる(12)

ナナを心配するミミー(13)

ーニーがミミーの左手の傷もなめ(12)、ケンタもジャーニーの左手をなめる。

ジャーニーだけでなく、ナナも目の上と右耳にケガをしている。ナナも傷をなめている。右目の上がはれていてたんこぶ状になっているのが見える。

やっと、みんなが落ち着きを取り戻したようだ。ミミーはナナのことが心配になってきたようだ(13)。

そして、閉園近くになり、チンパンジーたちは部屋に入りたそうに、出入り口用の扉の前に群がっている。ナナは、待っている間もジャーニーの手をなめてあげている。

(14)

最後に残ったサザエ

扉を内部で開ける音がしたら、みんなは興奮した。扉口は、ケンタが管理している。子連れを先に入れた。ケンタは、ビッキーを連れて入り、扉が下りそうになったので、ケンタは自分で扉を押し上げて、また外に出た(14)。次にジャーニーが入った。その次は、自分が入っていく。

みんなそれぞれ、順々に入って、最後にサザエが入ると、運動場は静かになった。

今日のけんかの後のヨーグルト係は、飼育係の島原さん。部屋に入ったチンパンジーにヨーグルトを与えながらの対話が始まる。

島原　さあ、ボロボロのジャーニーかな。（いっしょの部屋にいるビッキーだけが鉄格子のところへ来る）

どうした、お母さんは？

ジャーニー、ヨーグルトいらない？　あげちゃうよ、みんな。（ジャーニーは食べに来ない。ビッキーが食べる）

ジャーニー、握手は？　そうです。

すげーな。左手の親指の爪がなくなっちゃって。（ジャニーは向こうへ行こうとする）まだ、まだだよ、ジャーニー。右手も握手。（足を出したり左手を出したりする）そっちの手だよ。（右手を出す）うわ、すげーや、こっちのほうが。ちょっと待ってな。（薬を持ってくる）

痛いよ、これは。飛び上がるほどしみるぜ。どうする？（イソジンをピンセットで挟《はさ》んで）痛いぞ。がまんできるかな。（ジャーニー、手を出す）絶対痛いよな。なんでおまえ、そんなにやられちゃったんだよ、ボロボロに。（イソジンをつけるといやがる）

お尻を見せて。お尻は大丈夫だった？（手を出す。足を出す。なかなかお尻は見せない）手はいいから、お尻見せて。そうです。お尻は大丈夫だったんだ。サンキュー。

今度は、ケリーの所へいく。

（ヨーグルトをやりながら）ちゃんと助けたのか？

ラッキーの所へ行く。

はい、ラッキー。おまえのお母さんボロボロだ

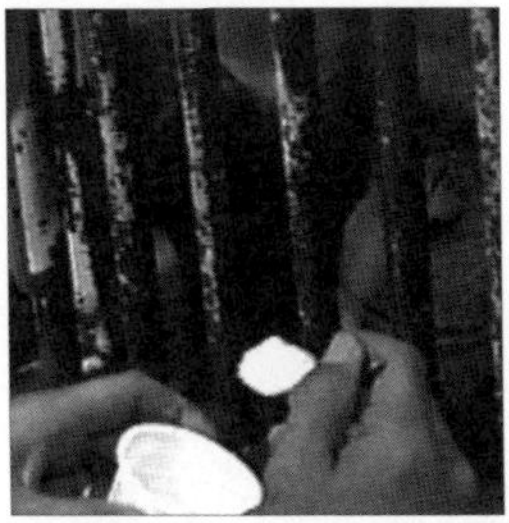

ぜ。（ヨーグルトをやる）ミミーがナナとやったのかな？

　　ミミーの所へ行く。

ミミー。（ヨーグルトを見て引き返す）食べたくないのか。ミミーやめる？　じゃ、ちゃんとやろう。（ミミーが鉄格子の所へ来て握手と尻を見せる）

　義務的なんですよ、こいつは。「やることだけやっちゃえば、もうあとはいいんだろう」ってね。

　　ケンタの所へ行く。

やあ、ケンちゃん。今日かっこいいとこ見せたか？（ヨーグルトをやる）おまえがいちばんかっこよくなくちゃいけないんだぜ。最近おまえ陰《かげ》うすいからさあ。もっと目立っていいよ。ラッキーに押されてんだよ。

（取材班に）わたしも、最初、ケンタがこの群れに入るためにどれくらい苦労していたのかを知っているんですよ。まだお母さんが恋しい年齢のときに、知らないところへ一人で来た。だれも頼る者がいないところへ来たわけですから、あいつだって目に見えない部分で、精神的にすごく苦労しているチンパンジーなんですよ。

　だからこのラッキーと比べると対照的ですよ。ラッキーはこの群れの中で生まれ育ってみんなと顔見知りだし、お母さんはいるし、お母さんの友だちのチンパンジーはバックアップしてくれますしね。（ラッキーに向かって）な、おまえはボンボンなんだよな。

　　そこへ、吉原さんが来る。

吉原　（ジャーニーに向かって）ばかだねえ。お顔を見せて。手は？　あららー。なんでしょう、この手は。こんなにまでやんなくてもよかろう？　だれにやられたの。痛そうだね。そっちの手は？　はい、見せて。手、手。そりゃお尻だよ。こっちもやられちゃったの。娘か、ミミーさんか？

あーあ、親指の爪ねーよ、おまえ。痛そう。ばっかだね。そんなになるまでけんかしなけりゃいいのによ。

これ、人間だったら大変だよ。救急車もんだよ。

（そばにいる）ビッキー、お母さんは痛いってよ。

目は？　目玉は大丈夫だな。手が痛いよな。どうしようもないね。けんかなんかするからだよ。治るまで大変だ。

ミミーの所へ行く。

ミミーがやったんだろ。（握手と尻だけ見せる）

自分はなんともねえのか。

隣のケンタの所へ行く。

ケンちゃん、あんなになるまでだめじゃないか。おまえが止めなきゃいけないんだよ。ボスなんだから。

獣医《じゅうい》が来てジャーニーのところへいく。

けんかの次の日の運動場で

けんかの次の日、いつもと同じように、運動場にチンパンジーたちが出てくる。

ラッキーが、ミミーを蹴った。そして運動場への出口で、ジャーニーを待っている。ケンタが扉を殴《なぐ》る。ミミーは、うろうろして、落ち着かない様子。

吉原さんは、運動場の外から見ている。

（運動場のミミーに向かって）なんだい、ミミーさん。ワーワー騒いで。今日はジャーニーさんは、部屋の中だぞ。けんかしといて心配しててもしょうがねえだろ。

（取材班に）もう、長いつき合いだからな、ジャーニーとミミーは。開園のときからいるんだから。二歳ぐらいから四〇年もつき合ってんだもんな、二人は。四〇年だぜ。そのうち二七年は、おれもつき合っているけど。

赤ん坊のときからつき合っているから、仲がいいくせにけんかもするんだね。それで、今日はいないもんだから、ああやって心配してるんだよ、ミミーは。舎の中からジャーニーの声が聞こえるからね。

ミミーさん、ジャーニーさんは中にいるよ。今日は運動場には出ないよ、ミミーさん。

ミミー、そっちにはジャーニーはいないって。中だよ。

ジャーニーを探すミミー

——どうもボスを中心にした話ばかりをきいてしまうのですが、やはりメスどうしの関係は、また別なんですね。

ミミーなんかはメス頭で、メスの間を取り仕切っているからね。向こうにいるベロもそういう意識があるよね。

――ミミーは今、子どもを育ててはいないんですか?

ミミーの子はここにはいないですね。

四頭のメスが、開園当時からいます。ジャーニーとミミーとベティとペペですね。それがバヤリース・オレンジのコマーシャルに出ていた連中です。だから本当に四〇年のつき合いで、芸をやっていっしょにテレビに出て。それで、ベティが死んで、ペペが死んで。今、残っているのがこの二頭だけです。

ミミーは体も大きいし、なかなか頭もいい。

ジャーニーが部屋の中にいて声を出してる。(低く「ホーホー」)

あの声は「パントフート」といって、これだったら、野生の森の中で一キロとか二キロ離れていても聞こえるでしょう。呼び合える。チンパンジーはふつう声を出しません。こういうときだけ出します。

やっぱりジャーニーが気になるんだね。声だけ聞こえて姿が見えないから。

ミミーは、まだジャーニーを探している。

仲のいい二人

授業 ❸

チンパンジーの社会

授業の計画では、最終的には動物園へ行って、自分の眼でチンパンジーの行動を観察することにある。漠然《ばくぜん》と光景を見ていても、実は何も見えない。

ここでは、いよいよ行動観察の前の基礎知識を学ぶことによって、ふつうに見に行ったのでは見えない、チンパンジーの見方を学んだ。

吉原さんは、チンパンジーの気持ちがわかるような見方をしてほしいと願っている。

チンパンジー社会のルール

主なルール（掟）

吉原　午前中は、チンパンジーは頭のいい動物だという話をしたね。

現在多摩動物公園には二一頭（一九九九年当時）のチンパンジーが生活しています。チンパンジーの社会にもルールがあります。そのルールを撮《と》ったビデオ（科学ドキュメント「チンパンジー村に掟《おきて》をみた」一九七八、ＮＨＫ制作）がありますから、これからそれを見ます。

このビデオでは、チンパンジーの行動を記録しながら、そこに社会のルールがあることが示されている。子どもたちが動物園へ行って観察する前に、予備知識として、このルールを知っておいてもらいたいと吉原さんは考えたのだ。次に、吉原さん自身の著書『ボス交代――チンパンジー村の30年』（ＮＨＫ出版）より主なルールを引用要約する。

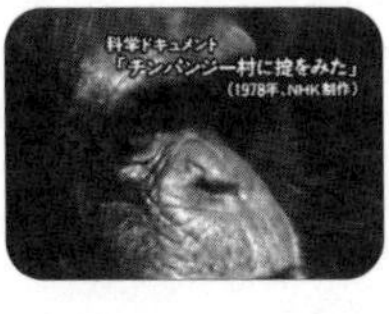
科学ドキュメント
「チンパンジー村に掟をみた」
（1978年、NHK制作）

ルールその一：あいさつを欠かしてはならない

夜を個室で過ごして、朝、放飼場《ほうしじょう》に出てくると、チンパンジーたちはさかんにあいさつを交わし合う。あいさつの仕方は、それぞれに個性的である。まず、ボスのところへあいさつに行く者、まんべんなくあいさつしてまわる者、親しい者だけにあいさつする者など。

方法は、頭を下げる、握手《あくしゅ》する、抱き合う、キスをするなど、これらが組み合わさったバリエーションがある。

社会的順位の低い者から高い者へ、年齢《ねんれい》の若い者から目上へあいさつを交わすのが一般的である。六歳ごろまでは、このルールをまだ学んでいないが、それ以降では、もしこのルールを無視していると、咬《か》まれるなどの制裁《せいさい》を受ける。甘咬《あまが》みの場合が多い。

あいさつ行動の場面は、それぞれのチンパンジーの個性やその社会の様子がよく観察できるので、チンパンジーを

あいさつ

観察するのには、午前中に動物園へ行くのがいい。

ルールその二：先取り特権を認める

ニホンザルの社会では、ボスが餌《えさ》を独占《どくせん》することがよくあるが、チンパンジーとサルとの違いの一つには、これがないことだ。餌を見つけた者に所有権があって、ボスといえどもこれに手を出せない。だから、餌の奪《うば》い合いの光景は基本的に見られない。

部屋への入り口を管理

ルールその三：寝部屋に帰るとき、子連れのメスを優先《ゆうせん》させる

チンパンジーの食事は、寝部屋に帰って食べる一食だけなので、このときがいちばん空腹である。だれもが早く入りたいに違いないが、この順は、飼育係が決めるのではなく、ボスが仕切っている。ボスが、子どもやメスを優先的に入室させることによって、ボスへの信頼《しんらい》感が強くなる。

ルールその四：ボスは集団の平和に身を挺《てい》す

ボスは、身内のもめごとの仲裁《ちゅうさい》だけでなく、集団全体の平和のために、身を挺して働かねばならない。他の者が、外敵《がいてき》に対して怯《おび》えきっているときでも、果敢《かかん》に率先して外敵に対していく。だから、その勇気と実行力に対するボスへの信頼感は強いものになる。

ボス・ジョーのこと

吉原　どうでした？　チンパンジーの社会の中に掟（ルール）があるのはどう思いましたか？　あいさつを欠かしてはいけないとか先取り特権があるというのはどうですか？　人間の社会と比べてどうですか？

男子　驚いた。

吉原　この掟、ルールを守ることにボスは大変な責任があって、気苦労《きぐろう》の多いことでもある。そのために、かつてのボス・ジョーは、ノイローゼに陥《おちい》ったことがあった。（このときのことは、『チンパンジー物語』に詳しく書きました）一時、食欲不振《しょくよくふしん》、嘔吐《おうと》、下痢《げり》の症状《しょうじょう》が続き、やせ衰《おとろ》えていっこうに回復する様子が見られませんでした。

ノイローゼの治療方法に長らく苦慮《くりょ》し続けていたとき、ふと自分自身のストレス解消法から連想して、ジョーとウィスキーを飲み交わしながら、世間話の対話を思いついたの。その晩酌《ばんしゃく》を試み続けると、なんと目を見張るような効果が現れたのです。

ビデオのなかでわたしは「サントリーオールド」のビンを持って出て来ますが、あれの中身は「サントリーホワイト」です。それはストレートのウイスキーではなくて、ハチミツのお湯で倍に薄めてあります。ボスに「今日もお疲《つか》れさん」と言って、お話をしながらお酒を飲ませました。

そのジョーが、パンジーとデイジーというチンパンジーと出会います。ジョーは、とても大きな体をしているのですが、最初は胸を張って体を大きく見せて「来い」とやるわけです。ところが、体の小さいパンジーとデイジーが怖《こわ》がったときに、ジョーは体を小さく縮めました。「大丈夫だ、おいで」とやるわけです。あれはすごかった。大きな自分を小さく見せるのはすごいと思いませんか?

小さくなるジョー

リーダーは心やさしく

吉原　さっき見たビデオの中にベロというのが出てきました。耳を半分食いちぎられたやつです。

よそからこの群れの中に入ってきて、どういうふうにとけ込んでいくか。

昔、多摩動物公園の今のコアラ館のところにステージがあったんです。お客さんが見ているところで、チンパンジーが竹馬《たけうま》に乗ったり、三輪車に乗ったりという芸をしていました。

それで、あのベロは、この多摩動物公園で生まれ育って、二歳になったぐらいのときに、ステージで芸をしていきます。そして、七歳になったときにこの群れの中に帰って来るんです。

そうすると、ベロは人間の社会の中でずっと育ってきたものだから、人間の社会のルールはよくわかるんです。人間に咬《か》みついちゃいけない、ちゃんとあいさつをするとか、そういうようなことです。それを七歳になって群れに入れようとしたときに、みんなからいじめられちゃったんです。

結局、ルール違反《いはん》をやってしまうんです。ベロにはそんな気はぜんぜんないんです。人間

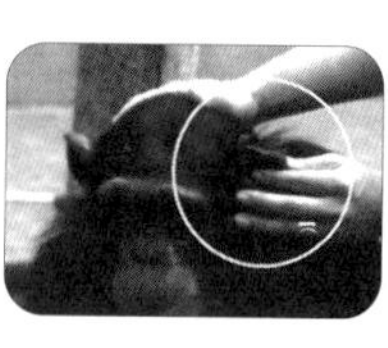
ベロの耳

の社会でも「目上の人にはあいさつをしましょう」というルールがある。そしてそれはチンパンジー社会でも同じで、ベロにはそういうことがわからないもんだから、この目上のおばさんチンパンジーに本当はあいさつしなければいけないところをしなかったりとか、そういうことがあったので、ずいぶんベロはいじめられています。

見た目には耳が半分食いちぎられただけです。だけど、ベロは体中にすごいケガをしています。もう、何針も何針も縫《ぬ》って。群れに入れるといじめられて体中傷だらけになって、それで帰ってくると傷を縫って治してやって。「ベロ、がんばって群れに入れ」ということでやってきました。

ある日、七歳のベロがみんなに押さえつけられて、ズタズタに引き裂《さ》かれるんです。そのとき左の耳を半分食いちぎられました。そのときに、わたしはあのベロがあまりにもかわいそうで、もうチンパンジーの社会に入れるのはやめようかな、と思いました。

しかし、そこでベロを戻すのをやめてしまうと、ベロはチンパンジーでも人間でもない、中途半端な動物になってしまう。さっき言ったように、チンパンジーは四〇年も五〇年も生きるわけで、その長い人生をチンパンジーでも人間でもない動物として暮らさせるのは、ベロにとって非常にかわいそう

なことなので、耳が食いちぎられても「がんばれ、がんばれ」と、群れの中に入れました。

三年ぐらいかかりました。そのときに守ってくれたのが、このジョーです(パネルを指さす)。あの映画の中で見たように、ベロが隅《すみ》の方にぽつんといると、一人で「どうだい?」と面倒《めんどう》を見に行ったり、寂《さび》しそうにしていると、ジョーが行ってグルーミングをしてやりながら「どうだい、入れるかい?」ということをやります。

それで、最後のところに「リーダーは心やさしく」とありましたね。これもたくさんの重要な掟の一つです。本当にそのとおりだと思います。ジョーが一生懸命ベロをかばって群れに入れてくれたのはすごいなあと思いますね。

そんなことが人間の社会にもあるだろうし、人間の社会でもリーダーになるような人は、心やさしくなくちゃいけないよ、ということを言っているような感じがします。

観察準備のための子どもたちの質問

チンパンジーの名前のつけ方

吉原　今度実際に動物園に見に行く前に、何かきいておきたいことはありませんか？　飼育係の仕事のことでもいいですよ。

女子　チンパンジーの名前は、どうやって決めるのですか？

吉原　このケンタというのは、円山《まるやま》動物園で生まれました。前の動物園で名前がついてきたというケースです。ケンタのお母さんはぺぺ、お父さんはケンチといいます。

ペコの子どもたちの名前は、ココ、チコ、ココの子はカコというふうな感じです。カコはチンパンジーの前に投票箱を置いて、来るお客さんに投票して決めてもらいました。

今度、生まれたばかりのガーネットというのがいます。お母さんのベレーさんというのは、お姉さんを生んでいて、名前はルビーといいます。宝石の名前です。それで今度生まれたのも、じゃあ宝石の名前で、ということで、一月の誕生石にちなんでガーネットとつけました。

これは飼育係でつけました。

だから、もともとついているものと、お客さんにつけてもらうのと、わたしたちがつけるのとがあります。

チンパンジーは怖くないか？

吉原　握力《あくりょく》が二七〇キロもあって本当にすごい力なんだけど、「赤ちゃんが死んだんだ」ということを話して聞かせればわかってくれる動物でもあるんです。（九ページ参照）
　さっき「チンパンジーはサルじゃない」って言ったでしょ。チンパンジーとヒトは非常によく似ているの。ふつう動物は「一頭、二頭」と数えるんだけど、チンパンジーの研究者の中には、チンパンジーを「一人、二人」と勘定《かんじょう》する人もいます。わたしもジャーニーさんの子どもが亡《な》くなったときは、動物というよりは「一人、二人」という感覚です。
　今まで、チンパンジーは手話を使うとかレキシグラムを使うとか、いろんなお話をしてきました。それも一つの言葉なんだけど、ジャーニーさんの赤ちゃんが死んだときにしたのは、ジャーニーさんとわたしの心の会話だったなと思います。

　だから心と心の会話がチンパンジーやゴリラとできるようになれば、大きな体をしている

彼らの中に入っていくことができると思います。

そうなるには三年ぐらいはかかると思います。やっぱり怖いからね。だから最初は檻越《おりご》しにお話をして、「これは大丈夫だ」と思ったら檻の中に入っていくんですよ。このあたりがチンパンジーの難しさであり、またおもしろさでもあります。

男子　飼育係はチンパンジーを怒《おこ》ったりするんですか？

吉原　もちろん。悪いことしたらね。

さきほど話した手形をとりに行ったときのことです。ゴリラの話ですが、「じゃあ、とるよ」と、手を出させて墨汁《ぼくじゅう》を塗《ぬ》りました。「さあ、紙に押しましょう」というときに、その手をわたしの上半身にベターっとつけるんです。

それで、自分が怒られるのをわかっているから、やった瞬間《しゅんかん》にパーッと逃げるわけです。そういうときは怒ります。「だめ」と言って連れてきます。「もう一回手を出すの！」と墨を塗ってあげて、また押そうとする瞬間に、今度は顔にベシャっとやる。（笑い）

どうしても言うことを聞かないときは、げんこつをくれてやります。わたしはチンパンジーたちのお父さんですから。でも、一五〇キロもあるゴリラ

げんこつ

にわたしのげんこつでいくらひっぱたいても、「へ」とも思ってないと思うよ。

金属バットでこいつの頭を思いっきりボコって殴《なぐ》っても、ゴリラのほうは「何だ?」というぐらいでわたしの手のほうがしびれてしまう。

みんなの場合だったら、担任の先生は、本当は今怒りたくても怒れないから、後で「だめじゃないか」ということもできるんだ。でも、ゴリラやチンパンジーには後で言って聞かせるということはできないんです。そのときに怒らなければならない。

前は、お客さんから見える運動場にわたしも入って、ゴリラといっしょに遊んでいたことがあるんです。そうすると、この手形の主、サルタンというゴリラが「試《ため》し」をやる。わたしのそばに来て肘《ひじ》でわたしのことを小突《こづ》くんです。そのときに叱《しか》っておかないと、ゴリラはどんどんエスカレートしますから、次の次くらいにやられたときは、わたしなんか吹っ飛んでしまいます。

だって考えてごらんよ。この手で叩かれたら、みんな首から上がスポッとなくなっちゃうよ。痛くもかゆくもないうちに。

だからこういうゴリラにそういうことをやられては困るので、小突かれたときにすごい勢いで怒ります。それはお客さんがいても、どんなときでも叱らなくてはいけない。

でも、こいつはよく知っているの。遠足の子どもたちやお母さんたちがいると、わたしが強く怒らないだろうと思っていたずらをうんとするんです。あとで言って聞かせるわけにいかないので、すぐ捕まえてげんこつをコツンとくれるわけです。

そうすると、それを見ていた遠足の父兄の方の中で、動物園の園長のところへ行って、「さっき、ゴリラの飼育係が、ゴリラを叩いていじめていました」と告げ口するお母さんもいます。じゃあ、そんなこと言ったら、こんなでかいゴリラの中に入って殴れますか。

こっちは、このゴリラにげんこつをやれるようになるまでに、それは長い長い時間をかけてお友だちになっていってるのですから。

チンパンジーの顔を見ながら

女子　顔と名前を覚えるまで、時間はどのくらいかかりますか?

吉原　早い人だったら三日ぐらいかな。あと、毛が抜けてるとか耳がちょん切れてるとか特徴があるでしょ。そういうのを見ながら覚えます。

野生のチンパンジーを調査している人たちも、名前をつけて研究していま

す。

チンパンジーは、「お母さんと子ども」という関係はずっと続いていきますからわかるのですが、「お父さんと子ども」というのはわかりません。どれがお父さんかがわからないから。

名前のつけ方も親子関係がわかりやすいように、ペコの子どもはココ、ポコ、チコというふうにしています。顔もお母さんの顔と似ています。君たちもだいたい一週間から一〇日ぐらいで、多摩動物公園のメンバーは覚えられるんじゃないかな。

チンパンジーの親子

飼育係を辞《や》めたくなったことは？

女子　この仕事がいやになったときとか、辞めたくなったこととかありますか？

吉原　いひひひ。最初のころね、いじわるされて。そのころはいやだったね。なんでこんなものになったのかなと思って。

さっき話したように、赤ちゃんが死んだりしたようなときは非常に悲しいけど、それ以外は特にないね。

この間、ジョーが死にましたが、わたしは二七年もつき合っているんです。彼といっしょに多摩動物公園の二〇頭のチンパンジーの群れをやってきたんだから。彼が死んだときはちょとね。家に帰ってお通夜《つや》をやりました。お酒を飲みながら、一人で。そういうときは悲しいけどね。それ以外は特にないね。
　おもしろい職業だけど、みんなにはあまり勧めません。

男子　チンパンジーの檻は、どうして床がコンクリートなんですか?

吉原　ふーん。動物園によっては木を用いているところもあります。多摩動物公園の場合は、ビデオでわたしの一日の仕事を見てもらってわかるように、部屋の水洗いをするんです。あのコンクリートの下には、ヒーターが入っていて冬は床暖房になっていて温かいんです。タイルや木でもいいんだけど、コンクリートの方が処理をしやすいからだと思います。

チンパンジーのお産

男子　今までに全部で何頭ぐらいチンパンジーはいたんですか?

吉原　それは難しいな。
チンパンジーは子どもをどんどん生んでいきますが、多摩動物公園の運動

場は四七〇平方メートルしかないし、寝部屋の数が全部で二〇しかないんです。赤ん坊とお母さんはいっしょの部屋に入っています。とくにオスの子どもは、よその動物園にもらわれていくことが多いのです。

そんなふうに入れ替わりをしているので、全部で何頭いたかな？　お産は六七回、このガーネットが六六回目のお産でした。

珍《めずら》しい写真があります。チンパンジーのお産はあまり見られないんですよ。

まず頭が見えてきます。次にお母さんがしゃがんで赤ん坊を自分で受け取るんです。そして、受け取って、この赤ん坊は意識がなかった。失神《しっしん》して生まれてきた。そしたらこのお母さん、これ何やってるかわかりますか？　赤ちゃんの顔をガバって口で吸ったんです。それからへその緒《お》をお母さんが噛《か》み切っています。そして、これは珍しく胎盤《たいばん》も食べています。

このときもまだ赤ちゃんは意識がありませんでした。そしたらお母さんはこの赤ん坊の背《せ》中《なか》を叩《たた》いたんです。バーン、バーンって。これで、「オギャー」と赤ん坊が泣きました。

このお母さんは、自分で赤ちゃんの処理をしたんですが、チンパンジーは赤ちゃんの処理をしないものが多いんです。その場合はわたしたちが部屋の中へ入っていき、赤ちゃんのへその緒を縛《しば》ってはさみで切って、部屋から出して、われわれが処理をするということもあり

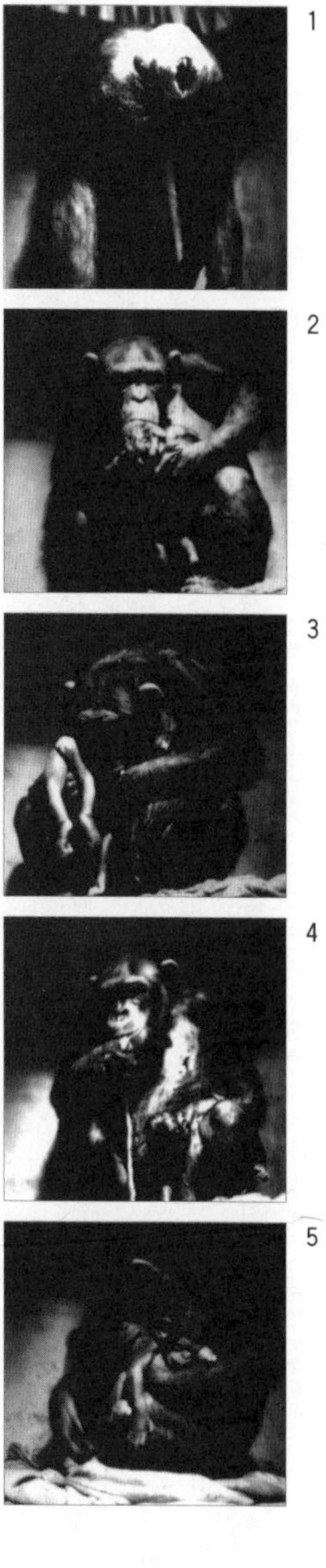

1　陣痛が始まると四肢立ちして息む。陣痛の間隔が短くなり、赤ん坊の頭が見えてくる。2　しゃがんだ姿勢で出産し、手で受ける。次に抱き上げて赤ん坊の頭を吸い、呼吸の手助けをする。3　臍の緒を口にくわえてしごき、食いちぎる。4　胎盤が排出されると食べてしまう。チンパンジーでは胎盤を食べる例は少ない。この母親も嘔吐しそうになりながら無理やりのみこむ。多摩動物公園では、胎盤を食べた例は四二例中二例のみ。5　この子は意識がなく、胎盤を食べ終わった母親が激しく背中を叩いて気づかせ、赤ん坊は大声で泣く。

ます。

わたしはチンパンジーの檻の中に入ると、先ほど言いましたが、ふつうはほとんど入らないんですよ。ほとんど入ったことがないチンパンジーもいます。わたしが檻の中に入るときというのは、お産とか病気とかケガをしているとか、チンパンジーが人間の助力を必要としているときで、それ以外のときは中には入りません。

イヌやネコなどのペットを飼《か》っているわけじゃないんです。職業として動物を飼っているのですから、「かわいい、かわいい」だけでいく話ではありません。だから、ふだんはほとんど檻の中には入りません。

イヌやネコは、人間に都合のいいようにつくりあげてきたものです。人間に咬《か》みついたら、そのイヌの子孫は残らなくて、人間におとなしいイヌの子孫どうしが掛け合わされて、どんどんおとなしいイヌの家系ができてきます。だから、みんなが飼っているイヌをなで回しても、そんなにいやがらないんだけれど、チンパンジーは野生の動物ですから、自分の周りに自分の領域というものを持っています。そこに入っていってなでまわしたりしたら、すぐにやられてしまいます。

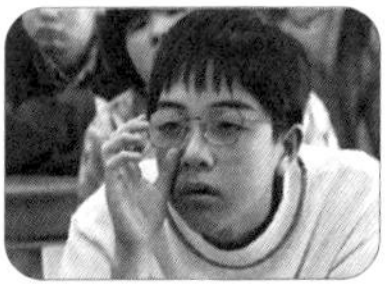

チンパンジーの目

吉原　チンパンジーには人格のようなものがありますから、それをお互いに認めて、適切な距離をとっていれば、人間と何十年でもつきあえます。

男子　チンパンジーの視力は良いのですか?

吉原　チンパンジーは人間と同じ色の感じ方や見え方をします。嗅覚《きゅうかく》も人間程度しかないし、聴覚《ちょうかく》も人間程度です。

目の位置も人間と同じように、前に二つついています。どうしてだろう？

馬の目はどこにある？　馬の顔を正面から見たら、目は顔のはじっこにあるから見えないじゃん。トラみたいに丸い顔をしているのは目が前を見ているね。サルや類人猿もそうだね。

肉食動物は獲物《えもの》を追うために、二点の目で測量しています。馬とかは前だけ見えていても困るわけだ。後ろから忍《しの》び寄られても困るから、顔の横に目がついています。それで、草食動物は顔が長い。草の中に顔を突っ込んで食べていても、目玉だけは草の上に出ている。

チンパンジーは木から木へ飛び移るので、目が前についていると思うんです。

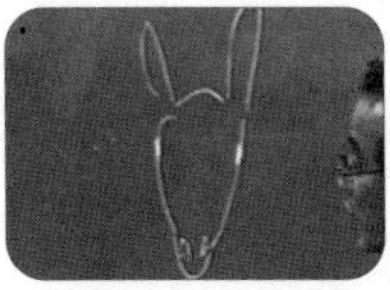

遊び・子育て・夢

チンパンジーの遊び

吉原 あさって、天気がいいと非常にいいんだけどな。チンパンジーをいっしょに見ましょうね。

みんなはそんなに動物をじっくりと見たことはないと思うので、チンパンジーの子どもを見るのもいいし、兄弟を見てもらうのもいいな。それぞれ班によって、だれを見るかを決めます。それで、チンパンジーたちがどんなことを考えているのか、どんなふうなのか。今日話したことを、現場に行って見ながらやりたいなあと思います。

何か質問ありますか？

男子 チンパンジーは、毎日何をして遊んでいるんですか？

吉原 今「遊び」といういい言葉が出てきたんだけど、遊びが出てくるのは高等になってきた証拠《しょうこ》だよね。

草食動物、ウシとかウマなら何をするかというと、ただ出てきて一生懸命草を食べるだけでしょう?

チンパンジーたちもイチジクの実を採ったり、まず食べるということをやります。今はみんなに知られているけど、チンパンジーがアリ塚《づか》でアリを釣《つ》って食べます。アリ塚を見つけると、チンパンジーは枝を取ってきてこの中に差し込みます。すると兵隊アリが咬《か》みついてくるのを釣って食べるのね。

こういうのは一つの遊びなんです。これはどういうときにやるかというと、朝、イチジクなどの朝ご飯を食べる時間があって、真ん中のお昼ごろに、アリ釣りをするんです。これは一種のレジャー、遊びです。

これも、子どものときは難しくてできないんです。まず、道具をつくらなくてはいけない。どんな枝を使うかというと、適当に枝を取ってくるのではなくて、取ってくる木の種類が決まっています。蔓《つる》性の植物を使います。曲げても折《お》れないし、丈夫だから。それを取ってきてちゃんときれいに加工して使うということがわかっています。

それと、チンパンジーはみんなと同じように、今日があって、明日があっ

て、あさってぐらいまであるかな。そういうふうに時間の流れの中で暮らしていることがわかっています。それはどういうことかというと、アリ塚を見つけて、枝を取ってきて「さあ、アリを釣ろうかな」というだけではなくて、最初に枝を取ってきて、きれいな棒をつくります。そしてそれを持って「どこかにアリ塚がないかな」と探して歩いているというから、自分がすることをある程度わかっていて行動していることがわかっています。

それから、チンパンジーは石器を使います。多摩動物公園にも石器が置いてありますが、アブラヤシの実があります。石の上にその実を置いて石で割って食べるんです。

そのための置き石があるんですが、安定性のある、いい形をした石は、そこにそのまんま置いていくんです。するといつもナッツを置いているから真ん中には、ナッツの形をしたへこみができちゃうの。ハンマーの方も、握《にぎ》りやすい石は置き石の周りに置いておくんです。石を使い終わった後、この石を持っていったり、どこかにブン投げ

石器使用、ナッツを割る

ちゃうのではなく、ここにちゃんと残していくんです。それは、後でだれかが来てこの石器を使うだろう、それから、明日また自分が来て使う。チンパンジーが住んでいるところでは、アブラヤシの木の下に石器のセットがいくつも置いてある。

それは、それだけチンパンジーたちが、時間の流れの中に暮らしていて、明日使う、あさって使うかなということがわかって暮らしているということです。石で叩いて遊ぶのも一つの遊びだよね。

あとは、子どもどうしのレスリングなどがあります。ただ、テレビゲームをやるってことはないけれども。でも、教えたらやるかもしれないね。

あっ、やるやつがいた。「エイリアン」という昔のゲームをやる子がいた。あ、「エイリアン」知らない？　古いゲームだからな。インベーダーゲームも知らない？

とにかく、それができるんだ。レバーを操作《そうさ》することが。それで、全部エイリアンをやっつけると「やったー！」ってものすごく喜んだ顔をします。

だから、今のゲームも教えればできるんじゃないかな。

チンパンジーの子育て

女子　これまで飼育してきて、チンパンジーの親が自分の子どもの世話をまったくしなかったことってありましたか？

吉原　あります。

群れの中で育っていると、ジャーニーなんておばさんは大ベテランだから、一〇頭も育てています。ジャーニーさんのいちばん上の娘はもう三〇歳ですから。ジャーニーさんはこの群れの中でずーっと育て続けているわけです。こういうところで育ったチンパンジーは、ふつうは子育てができるのですが、なかにはできないものもいます。人間の中で長い間育ってきたチンパンジーは、なかなかできません。また、こういう群れ社会で生活してこなかったものも、できないことが多いのです。

（パネルを指しながら）ベレーさんってここにいますね。ベレーさんは、上野動物園でビルというチンパンジーと長い間二人だけで暮らしていました。だから、社会というものをぜんぜん知らないんです。

ベレーさんは最初に生んだルビーも全く育てなかった。そして、今回ガーネットを生んだのですが、これも育てないんです。赤ちゃんのことを見て、気持ち悪がって育てない。

ベレー

あさって来るとわかりますが、このガーネットは仕方がないので、わたしたち飼育係が育てています。今は、保育器の中に入っています。一日二時間おきにおっぱいをやっています。やはり、このガーネットも人間が育ててしまうと、わたしたちのことをお母さんだと思ってしまいますね。おっぱいを飲ませてやって、おしめとりかえて。周りを見ればみんな人間ですから。

なかなか難しいけど、ガーネットは群れに戻そうと思っていますので、なるべくみんなに会わせています。もちろん檻《おり》の中に入れると危《あぶ》ないので、檻を挟《はさ》んでですけど。

赤ん坊をいきなり群れに入れることはできません。だから、このガーネットの養母になる人を探してから、群れの中に入れようと思っています。

ボスのケンタは北海道の円山動物園で生まれて、二歳になったときにこの群れに来ました。二歳というと、まだお母さんにうんと甘えていて、夜寝るときはおっぱいを吸っている、それぐらいの年齢《ねんれい》です。

このケンタを群れの中に入れるには、だれかに紹介してもらいながら入れなくてはなりません。「だれかやってくれないか」と頼《たの》んだら、メスボスみたいな大きなミミーさんが、「じゃあ、わたしがやります」と引き受けてくれま

ケンタ

した。そして、ケンタを群れに紹介《しょうかい》するところまでやってくれました。ところが、群れに紹介し終わったら、ミミーはケンタの面倒を見てくれなくなってしまいました。それでケンタのお母さんになってくれたのは、ベロです。ベロは子どもを生んだこともないのに、一五年間お母さんとしてケンタを育ててきました。

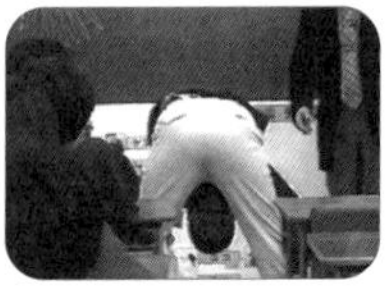

なるべくなら、お母さんが自分の子どもを育てるのがいいとは思いますが、子どもを育てないチンパンジーというのも出てきます。

それと、おっぱいが出ないということもありました。ナナは一生懸命育てているのですが、だんだん赤ちゃんがやせていってしまいました。麻酔《ますい》をしてナナを調べてみたら、おっぱいが出ていない。それで仕方がなく、人工保育にしました。その子はハッチといって、現在はサボテン公園で元気にしています。

夢も見る

男子　チンパンジーも人間のように夢を見ることがあるんですか？

吉原　「夢」って寝ているときの夢？

男子　寝ているときの。

吉原　寝ているときの夢は見ています。それは、子どものチンパンジーが寝ているときにピクピクって動いたり、目玉がピクピクって動くのでわかります。

だから手を急にパッと振り上げたりすると、木から落ちた夢をみているんじゃないかな、なんて思ったりします。

チンパンジーは寝返りを打ちません。野生のチンパンジーは、一五メートルとか二〇メートルもある高い木の上に、木の枝を折り畳《たた》んでベッドをつくって寝ます。だから寝返りを打たない。寝返り打つと落っこちてしまうからね。五歳くらいの小さい子どもが、夜寝るときにお母さんにピタッて寄りかかって眠《ねむ》ったら、そのまんま朝まで動きません。人間だったら五歳ぐらいの子どもは、バタバタ寝返りを打ちますよね。

来園を楽しみに

吉原　おもしろい質問がいっぱい出てくるじゃない。他に何かありますか？

どんどんきいてください。

あとは、実際に多摩動物公園に来て、チンパンジーを見てください。

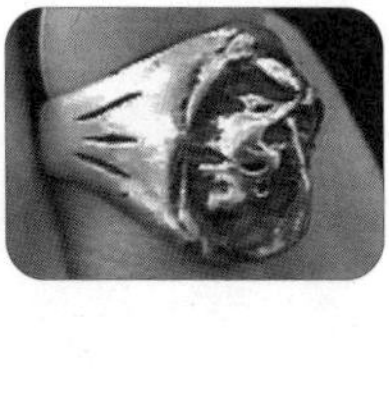
吉原さんの護身用指輪

ただ見るだけではなく、チンパンジーがどんなことを考えて動いているかぐらいまで見てください。

例えば、ビッキーがメロンにいじめられる。そうするとお兄ちゃんのラッキーが「なんでおれの弟をいじめるんだ」と、メロンに食ってかかる。そうすると、メロンが「なんだチビのくせに」とラッキーもいじめる。今度はお姉ちゃんのナナが出てきて、「うちの弟になにすんの」とメロンを叱る。今度はメロンのお母さんのパインが「なんでうちの娘をいじめるんだ」。もう、だれがもとなのかわからなくなっている。すると、「ナナ、どうしてうちの娘をいじめるの」てなことになる。今度はナナのお母さんが出てくる。（笑い）こういうふうに群れの中でいろんなことが起こってきます。

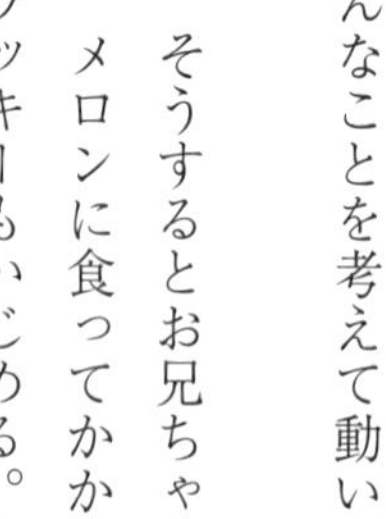

観察するときに、チンパンジーの気持ちがわかるような見方をしてほしいと思います。

今日はこれで終わりにしましょう。

子どもたち　ありがとうございました。

――あさって、子どもたちに動物園に来てもらったとき、何をかれらにいちばん期待していますか？

吉原　やっぱり「見る」ということでしょうね。チンパンジーを見ることによって、だんだん気持ちが入っていって、出来事がこなれていく。それは自分たちのクラスでもそうなんですから。クラスで相手のことをどれだけ考えてやっているか、そこが問題だから。

相手の気持ちがわかれば、コミュニケーションもうまくいくわけですし、社会もうまくいきます。そこがポイントかな。

コラム　チンパンジーの国内血統登録

血統書の入ったケース

多摩動物公園飼育係の事務室は、事務机と書類に囲まれた都会のビルの普通のオフィスと同じ雰《ふん》囲気《いき》である。吉原さんは、現在、ここの係長。ここには、国内の全てのチンパンジーの戸籍簿《こせきぼ》があって、吉原さんはそれを管理している。日本で初めて、吉原さんがつくり始めたものだ。

カードの血統書を見せてもらいながら、吉原さんの話を聞く。

「チンパンジーの国内血統登録《けっとうとうろく》」というものがありまして、これがそのファイルです。

（ファイルを示しながら）日本全国のチンパンジーがいる施設《しせつ》に、その年に生まれたとか死んだとかを教えてもらって、このデータを更新していくわけです。

それがどういうふうになるかというと、登録ナンバーがあって、お父さん、お母さんの欄《らん》があって、名前があってという一覧表になるんです。基本的にはこのカードに、国内にいる全てのチンパンジーのデータが全部入っています。

カードの分類は、各動物園別と番号順になっています。それで、一頭のチンパンジーにつき一枚のカードが入っています。例えば、帯広《おびひろ》動物園のこのカードでは、これがオスで、死ぬとカードの右上を切ります。

多摩動物公園は、他の動物園とは比べものにならないぐらいチンパンジーの数は多いんですね。

ナンバー一〇、これがジョー。一九六三年の五月二四日にここへ来て、一九九八年一〇月二〇日に死亡しています。

このカードの裏を見ると、お父さんお母さんはだれか、また、どんな子どもたちの親なのかということがわかります。

――そうすると、この前生まれたガーネットちゃんなんかもここに入ってくるわけですね。

今年は入りません（一九九九年現在）。今調査しているのが、昨年のものですから。ガーネットは今年生まれたわけですから。

昨年のものが今、どんどん集まってきていますから、それを整理することにより、だれがどう動いたのかがわかります。他の動物園から動くことがあるわけですから。

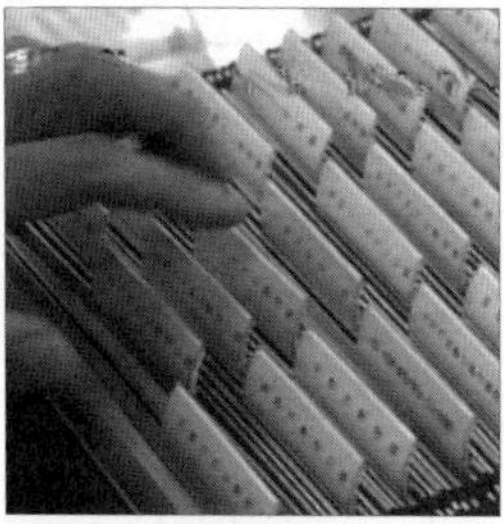

きちんと分類されている

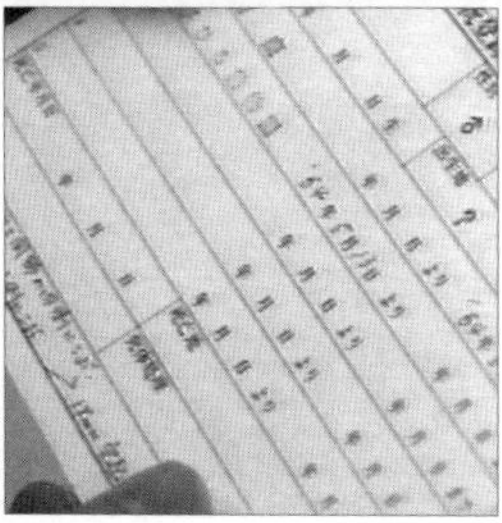

一頭一頭のカード

まあ、コンピュータに入れてしまえば、こんなもの、あっという間にわかるんでしょうけど、わたしには、こういうカードのほうがそれぞれのチンパンジーらしいものを感じられる気がします。

――歴史と多少のあたたかみがある……。

そうそう。コンピュータにも当然入ってはいるんですが……。

今は五七六番まであります。

――これはいつごろから始められたんですか?

一九八四年ぐらいからやっています。ですから、もう一五年ぐらいかけて、だんだん集まってきています。

これは、日本中のチンパンジーの戸籍簿なんですよ。戸籍簿をつくりたいということを、わたしはずっと言い続けました。日本中の動物園の方々もだんだん理解してくれて、わたしのほうに情報をくださるようになりました。

――これをやるいちばんの目的は？

それは、血統管理です。例えば「神戸の動物公園から名古屋に○○ちゃんを動かしたいけど、いいですか？」という場合に、わたしのほうで調べると、神戸にもジョーの血があるし、名古屋にもジョーの血がある。そうすると、「ちょっとだめです」ということになります。

個体としては年齢的にも非常にいい縁組《えんぐ》みなんだけど、名古屋にはジョーの息子のチャーリーがいるし、神戸にはケリーがいるよということになると「だめですよ」ということになる。おじいさんがいっしょだとだめなんです。そういうことを調整していくのが種別《しゅべつ》調整者の役割なんです。

日本では、チンパンジーやゴリラなどの希少《きしょう》動物にはこういう担当者がいます。

――吉原さんが始められる前はなかったんですか？

ないですね。チンパンジーは不思議なことに、今はこうして国内血統登録はあるのに、国際血統登録は未《いま》だにないんです。

なるべく個体の行き先の情報をわたしのほうにくださると、それを追いかけて行くことができる。だから、名前を変えてはいけないという基本があります。

――このカードは吉原さんが全部書かれたんですか？

そうです。このカードは、相手方の動物園にも送られているんです。カードをつくるときには、基本的に三枚つくります。ここに「副」と書いてありますが、「正」はそのチンパンジーがいる動物園が保管しています。

――では、このカードからもれているのはモグリということですね。

まあ、ほとんどないと思います。九九・九パーセントぐらい入っています。

――さしずめ、吉原さんは仲人《なこうど》さんですね。

そうです。調整者というのはそういう役割です。

授業 ❹

チンパンジー村へ　ようこそ後輩

教室での授業から二日後、緑ヶ丘小学校の六年一組の三五人が多摩動物公園にやってきた。今日はこれから、いよいよチンパンジーと対面する。

――この前一日、学校で授業をしていただきましたけど、そのクラスにいた子どもたちと、ここにいるチンパンジーの子たちを見てどうですか？

やはり同じ群れだから。学校には一日しかいなかったけど、もう二、三日いれば、どれがボス的なやつで、どれが「離れ」とかって、わかってくれば同じじゃないですか。

――テストをやっていると、どっちがどっちだかわからなくなってきますよね。

そうね。できなかった子もいたようだけど。チンパンジーの中でも頭のいいやつもいれば力の強いやつもいるし、それはさまざまですから。

――これからみんなが来ますが、来る前に一言。

みんな今まで動物を三〇分も一時間も見る経験はなかったと思うんですよ。今日は見てほしいんです。そうすると、いろんなことがわかってくると思うんです。どういうことを彼らが見るか、非常に楽しみです。

多摩チンパンジー村で

チンパンジーにあいさつ

子どもたち　おはようございます。

吉原　みんな来たな。おはよう。今日は実際にチンパンジーを見てみましょう。動物を見るということがどんなことか学んでいってください。

多摩動物公園玄関

子どもたちがやってきた

おはようございます

話を聞く

チンパンジー舎へ

このあいだの系図《けいず》でまだ写真がなかった子がいたでしょう? 赤ちゃんのガーネット。今日は特別に会わせてあげるから。まだお客さんには見せていないんだよ。ガーネットを見たら、チンパンジーを観察します。それぞれ担当を決めてあげるから。ケンタはだれとか。

じゃ、ガーネットを見に行きます。(チンパンジーの運動場前までみんな来る)

みんな、チンパンジーに「おはよう」って言ってあげなよ。

子どもたち　おはよー。(チンパンジーは、子どものことを見ている)

吉原　そこのネットのところにいるちっちゃいのはトムくんだよ。「トム」って言ってごらん。

チンパンジー村

チンパンジーも見ている

トム

「トム!」

ケンタ

子どもたち　トム！

女子　無視だね。無視されたよ。

赤ちゃんガーネット

吉原　ほーら、いるよ。見てごらん。人間の赤ちゃんと同じだよ。一月の一一日生まれだから、今日でだいたい二週間ぐらいだね。

　これは人間の赤ちゃんが使う保育器を使っています。まだ目はあんまり見えない。じーっとみんなのことを見ているようだけど、見えないんだよ。

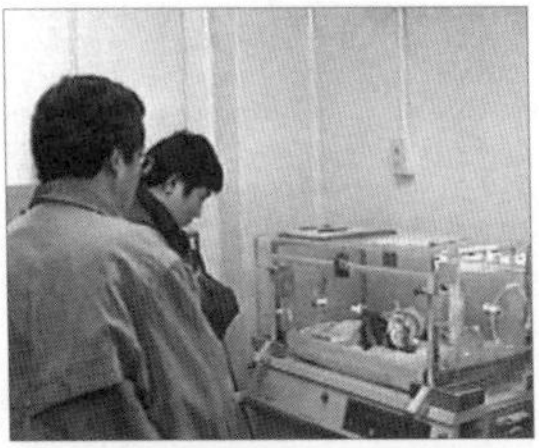

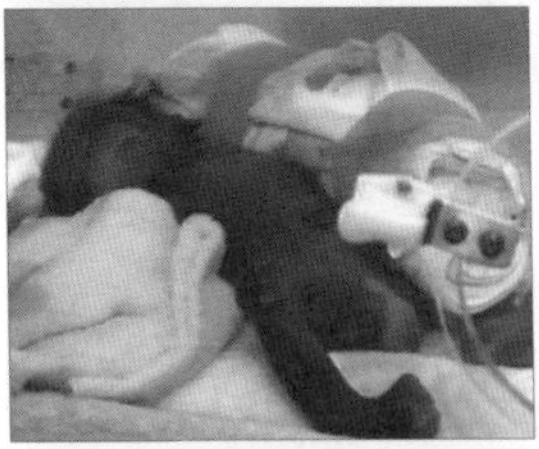

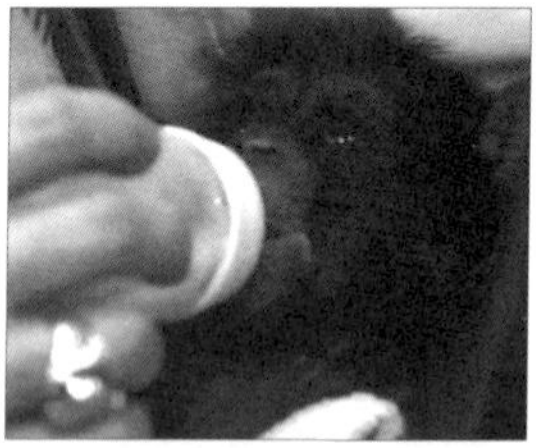

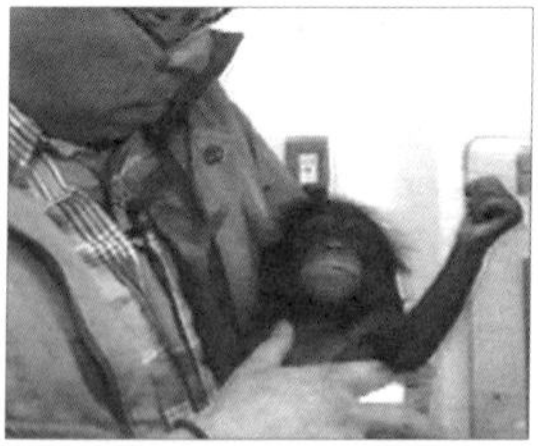

女子　わー、かわいい！　人形みたい。

吉原　一年間ぐらいは、おっぱいしか飲みません。それから離乳食のリンゴとかバナナのすったもの。

今日の体重は、一四九〇グラム。朝は六〇ccミルクを飲みました。うんこもおしっこの量も毎日計っています。こうやって日誌につけるんだ。朝の八時半にどのくらいミルクを飲んだか。おしっこしたか、うんちをしたかとか。

（吉原さん、ガーネットを保育器から出して抱く）この子は、色黒いよ。頭と背中には少し毛があるんだけど、お腹にはない。それはいつもお母さんに抱かれているから、毛がなくても大丈夫。

かわいいけど大変だよ。毎日毎日二時間おきにおっぱいやって。今、声出した「ウッウッウッ」って。チンパンジーはあまり声を出さないんだけどね。

女子　歯はないの？

吉原　まだだよ。歯は三か月ぐらいしてからじゃないと、生えてこない。

観察するチンパンジーを班で分ける

子どもたちは、チンパンジーの運動場前に移動。「あっ、ほんとだ。あれやってる」「ほんとだ、やってる。やってる、グルーミング」「そう！　それ！　グルーミング」と、

班分け

グルーミング

ケンタ

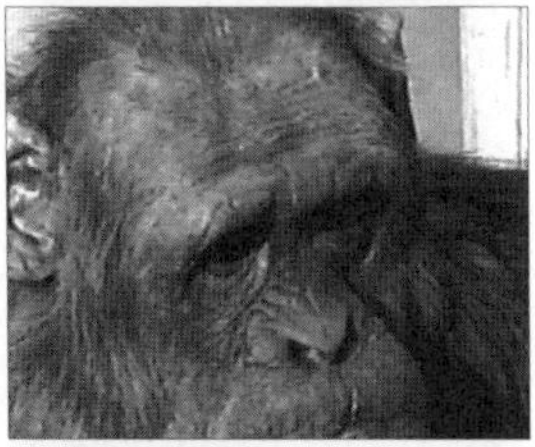
ケンタ（アップ）

挑戦的なラッキー

子どもたちは大はしゃぎ。さっそく見かけたのは、あのジャーニーおばさんだった。

吉原さんは、クラスを八つの班に分け、それぞれが一頭のチンパンジーを二時間かけてずっと観察するよう、注文を出した。吉原さんは子どもたちにチンパンジーをただ漠《ばく》然《ぜん》と見るのではなく、一頭一頭をじっくり観察するよう願っている。

ボスのケンタ一八歳。最近、ボスとしての自信が揺《ゆ》らいでいる。ケンタの座《ざ》を脅《おびや》かす元気な若者ラッキー一〇歳。最近群れに来たばかりで、いじめられがちなサザエ一七歳。いたずらざかりのビッキー六歳。カコ、トム、ペコ、ケリー。

子どもたちの行動観察が始まったが、まずは一頭一頭を見分けることがとても難しそ

柱の上でいじけるサザエ

枝を抱えているビッキー

動きはすばやい

すぐ見失う

枝を投げつけたチェリー

う。やっと見つけても、チンパンジーたちの動きはすばやく、すぐに見失ってしまう。「ラッキーはどっち？　あっち？」「あー、ラッキーはどこですか？」「ずっと見てなくちゃ、だめじゃないか」と、子どもたちはチンパンジーに合わせて右往左往《うおうさおう》。

でも、見ているのは子どもたちだけではない。チンパンジーのほうでも、子どもたちに興味津々《きょうみしんしん》。吉原さんが、「あれがチェリーっていうんだ」と教えたとき、チェリーは、見ているこちらに向かって、小枝《こえだ》を投げつけた。「おおー、やったー」と吉原さん。

二歳の子どももチンパンジー・トムの単独行動を見て、気持ちを声に出して表現する班もある。「もうお腹いっぱいだもんねぇー。あれっ？　上にとどかない。登れ登れ！　あっ、ボスにもらおうっと……」

突然、暴《あば》れん坊《ぼう》のケリーが、サザエをいじめにかかった。追いかけていって、うずくまったサザエの背中《せなか》を何度も叩《たた》きつけ、そのうえ背中を足で踏《ふ》んづけた。見ていた子どもたちは口々に「かわいそう」とつぶやく。

ところが、ボスのケンタは、壁際《かべぎわ》にうずくまって、仲裁《ちゅうさい》にも入らなか

驚く子ども

サザエを追いかける

サザエを叩く

踏んづける

怯えるサザエ

ケンタ、知らん顔

った。

先取り特権

吉原さんは、パイナップルを手に登場した。屋根からパイナップルをひもで吊《つる》して下へ下ろす。男の子が「トムはまだバナナとパイナップルに気づきません。トムがパイナップルに気づいて、お母さんの背中に一生懸命……。ダメだ、ダメだ……」と実況中継風《じっきょうちゅうけい》に声に出している。

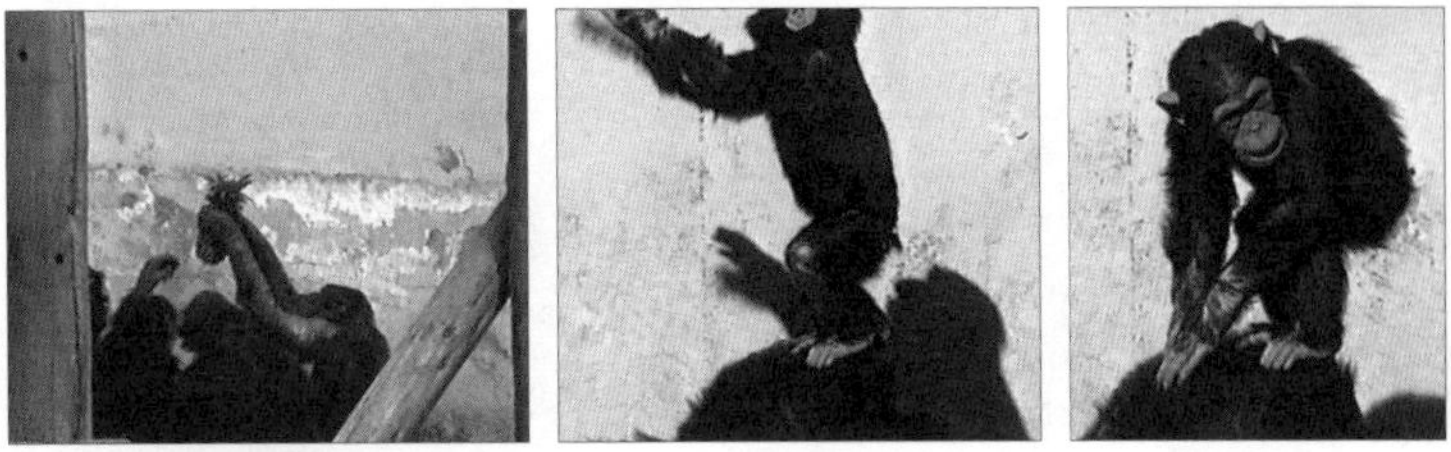

ミミー、獲得

最初にパイナップルを手にしたのは、最長老のミミーさん。他のチンパンジーたちはほしくてたまらず、ミミーさんの周りに寄ってくる。「えっ？　分けないの？」との子どもたちの問いに、「分けてもらっているよ。ほら、ちょうだいってしてるよ」と吉原さん。

ちょっとしたおねだりはあっても、けんかにはならない。先に授業で教わった、チンパンジーのルール、先取り特権があるからだ。ミミーさんにみんながお願いをして、分けてもらっている。

ミミーに群がる

分けてあげるミミー

ちょっとしたおねだり

分けてもらったナナ

次はペコが獲得

ほしがるビッキー

ビッキー(左)には分けず

もらえずふてくされる

ビッキーにもあげてよ

ナナがもらって去っていくと、今度はナナを追っかけておねだりしている。

次のパイナップルは、三頭の子どもを持つペコさんが取った。若いビッキーは、ほしくてたまらず、ペコにまとわりつくが、ペコは、自分の子どもにしか分けてあげない。子どもたちの間から「ビッキーにもあげてよ」と悲鳴《ひめい》に似た声が上がる。

ペコの娘のチコが、ビッキーを押しのけてペコからパイナップルをもらうと、ついにビッキーはふてくされて、地面に仰向けに寝ころんでしまった。「ペコー、ビッキーにもあげてー」と、子どもたちの声は続いた。

ガーネットの訃報《ふほう》

課外授業で子どもたちがガーネットに対面してから一年数か月経った、二〇〇〇年四月二日、ガーネットは、残念ながら一歳二か月で病死した。

授業のときにはまだ決まっていなかった養母もサザエが引き受け、予定どおり、群れの一員にも無事加わることができたのだが……。

授業後に、吉原さんのもとに送られてきた、子どもたちの「ガーネットへの手紙」がある。そのなかの一部を、次に、追悼《ついとう》の意を込めて掲載する。

ガーネットへの手紙

女子　ガーネットちゃんは、かぜにまけないくらいのチンパンジーになってください。

女子　赤ちゃんを見たとき「かわいい」の一言でした。人間の赤ちゃんそっくりで、小さくて目がけっこう大きくて、本当にキュートでかわいいです。すくすく育って、ちゃんとしたルールを守る大人になってもらいたいです。

女子　まだ目が見えないんだって。小さいからね。早く、ガーネットの面倒を見てくれるお母さんがいるといいね。

女子　本当にかわいい。どこから見てもかわいかったよ。育ててくれるお母さんが早く見つかることを祈っています。また今度、動物園へ行きたいと思っているので、そのとき、ガーネットが群れのなかにいるのを楽しみにしています。

群れに入ったガーネット

男子　本当の母親が仲間に引き込んでくれるのがいちばんいいけど……。あと少し待てば、外に出て楽しい一日がすごせるようになるから、いまはガマンね。

女子　ほわーんとしていて、あんなにかわいいチンパンジーを見たことがありません。とてもさわりたかった。

女子　早く、バナナやリンゴやパイナップルを食べられるようになってほしいです。また来たときに、ガーネットちゃんが果物を食べているところを見たいです。

東京都多摩動物公園

多摩動物公園は、一九五八年に開園しました。総面積五二・三ヘクタールの園内には、武蔵野《むさしの》の豊かな自然が残っています。コナラやクヌギを主体とした雑木林《ぞうきばやし》が園内の六割を占め、昆虫や野鳥、アカネズミやノウサギなどの野生の哺乳《ほにゅう》動物もすんでいます。自然の四季を体験できる公園です。

園内は、動物のすんでいる地域ごとに分かれています。

アフリカ園

複数種の草食動物がいっしょに暮らす〝サバンナ〟があり、チーターなどの肉食動物もいます。ライオンは、バスから間近に見られ、迫力満点《はくりょくまんてん》です。キリンやチンパンジーは群れで暮らし、子育てや個体間のコミュニケーションが観察できます。

課外授業は、ここのチンパンジー村を見学しました。その後、移転新設のチンパンジーの森が二〇〇〇年五月二日にオープンしました。

アジア園

日本産の動物や、バクやオランウータンなどの熱帯の動物、そして寒冷な高地にすむユキヒョウやレッサーパンダなどがいます。

オーストラリア園

コアラ館を中心に、ウォンバットやカンガルーの仲間など、さまざまな有袋類《ゆうたいるい》がいます。

昆虫園

一年を通してたくさんのチョウが飛び交《か》う昆虫生態園には、渓流《けいりゅう》から平原まで昆虫のすむ自然を再現した大温室と、身近な昆虫コーナーなどのガラス展示があります。昆虫園本館の二階では、実験を通して昆虫の体を学べます。一階には夜行性の哺乳動物がいます。

住　所：東京都日野市程久保7-1-1
交　通：京王電鉄及び多摩モノレールの多摩動物公園駅すぐ前
開園時間：九時三〇分～一七時（入園一六時まで）
休園日：毎月曜日、月曜祝日の翌日。年末年始
入園料：一般六〇〇円、中学生二〇〇円
次に該当する場合は無料。四月二九日・五月五日・一〇月一日。身体の不自由な方とその付添者。小学生以下と六五歳以上。都内在住・在学の中学生。第二、四土曜日は中学・高校生。
問い合せ：電話　〇四二-五九一-一六一一

チンパンジーの森

チンパンジーの森へようこそ

野生のチンパンジーの生活は、どのようなものでしょうか。アフリカの森に群れで暮らし、果実《かじつ》を求めて広い範囲を移動し、夜には樹上《じゅじょう》に枝を折《お》り曲げてつくったベッドで休みます。また、大人のオスたちは、外敵《がいてき》から仲間を守るためにパトロールを欠かしません。子育て中のメスたちは集まって過ごし、保育園のような環境をつくり、子どもたちが遊べるようにします。

このような生き生きとしたチンパンジーの姿を見せられるようにとの思いで、「チンパンジーの森」はつくられました。

高さ一五メートルのジャングルタワーからの眺《なが》めを楽しんだり、子どもチンパンジーたちは舞《ま》い落ちる木の葉を追いかけたり、小川の流れを利用して新たな遊びを思いつくかもしれません。さらに「大きな鏡」「チンパンジーのための自動販売機」「ＵＦＯキャッチャー」など、チンパンジーの

知的好奇心《ちてきこうきしん》の豊かさを見ることができる遊具も新設されました。

新チンパンジー舎への引っ越し

新チンパンジー舎オープンに向けて、二〇〇〇年四月一七日より三日間かけて、チンパンジーの引《ひ》っ越《こ》しをしました。

当日はチンパンジーに麻酔《ますい》をして網《あみ》に包み、車で移動です。何度も何度もみんなで頭の中で引っ越しのシミュレーションをし、チンパンジーが緊張しないか、麻酔は大丈夫か、手順に落ち度はないか、獣医《じゅうい》と相談しながらの作業でした。初日はリーダーのケンタとおとなメスで、実際に車で運ぶのは、他の動物の飼育係と獣医です。

わたしたちチンパンジー担当は二つに分かれて、送り出しと受け入れです。次はどの個体を運ぶか。運ばれてきた個体をどの部屋に入れるか。チームワークがものをいう仕事でした。

二日目、三日目、最後はおとなオスのラッキーで、無事全

員の引っ越しが終わりました。みんな、麻酔から覚めると、部屋が変わっていて不思議そうな様子でした。無事な様子を確かめながら、放飼場《ほうしじょう》の最後の点検《てんけん》です。

ようやく、新しい放飼場にチンパンジーを出すことができたのは、引っ越し初日から数えて七日目のことでした。

新しい放飼場は、これまで以上に、チンパンジーの知能や運動能力の高さを知ることができる工夫がいっぱいです。ジャングルタワーを軽々と登り、いろいろな道具を使いこなす彼らの姿を存分にご覧になってください。

162～166ページは、東京都多摩動物公園提供の資料により作成しました。

授業⑤

行動観察の発表会

午前中いっぱいかけてみんなで行動観察した結果を、それぞれの班でまとめることになった。模造紙《もぞうし》に絵を描いたり、紙芝居《かみしばい》やパフォーマンス、いろいろなアイデアで、吉原先生の課外授業に応えようとした。

発表会は、動物園内にあるウォッチングセンターのホールを借りて行われた。

ここでは、その発表会の様子の他に、後日、子どもたちからそれぞれのチンパンジーあてに送られてきた手紙の一部をあわせて紹介する。

ビッキーの紙芝居

——ビッキーはお腹が空いていました。ちょうどそのとき吉原さんが、ビッキーの大好きなパイナップルを吊《つる》してきました。ビッキーは「あ、パイナップルだ。早く食べたいな」と思い、そこに行きましたが、他のチンパンジーに取られてしまいました。ビッキーは、取ったペコにねだってもらおうとしました。「ちょうだいよ」。ペコは「ほら、カコお食べ」。そしてビッキーの方を向いて「あなたはさっきわたしに棒をぶつけたわね、しつこいわね」。ペコは自分の娘のチコにはパイナップルを分けましたが、ビッキーには分けません。

バシーン。ペコの平手が炸裂《さくれつ》。ビッキーはあっさり引き上げました。ビッキーは「ぼくもほしいよ」と思いながらも、手を出してはいけないので、がまんしていました。

ビッキーはいじけてはじっこにいると、吉原さんがバナナをくれました。ビッキーは大喜びです。めでたしめでたし。（拍手）

吉原　チンパンジーは「一人、二人」と数えるという話をしましたね。みんながビッキーの気持ちになってせりふが出てくるのがとても良かったです。

子どもたちからビッキーへの手紙

女子　ビッキー、元気ですか？　こないだは観察させていただき、ありがとうございました。
　ビッキーは、とても元気でよく動きまわるので、見ているわたしたちは、目がまわってしまうほど大変でしたよ！　ビッキーは、ペコに分配《ぶんぱい》してもらえるようにがんばってね。チコとも仲良くしなきゃだめだよ！

女子　ずっと君のことを観《み》ていて、君の性格がよくわかったよ。ビッキーはとっても頭がいいね。UFOキャッチャーをするときとか、じゃま者がいなくなってから一人でのんびり果物《くだもの》を出して食べるところとか。でも、せっかく枝を持ってきたのに、弱いからすぐ他のチンパンジーに取られちゃうね。そういうところをちょっとなおしたほうがいいかもね。吉原さんの言うことをよく聞いて、元気にすごしていってね。

男子　ビッキーくん、あんまりチコをいじめていると、パイナップルをもらえなくなっちゃうからやめたほうがいいよ。ビッキーくんは頭がいいから、将来大きくなって、あのジョーをこえるいいボスになれるといいね。

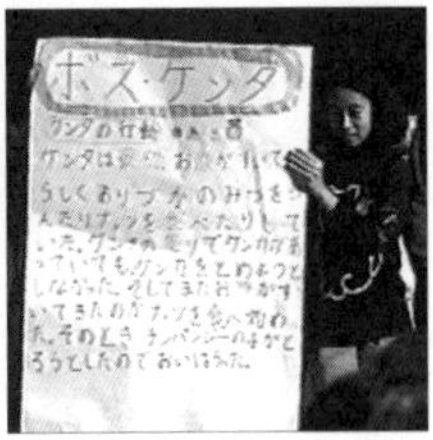

ボス・ケンタ

――ケンタの行動。ケンタは最初お腹が空いていたらしく、アリ塚のみつを飲んだり、ナッツを食べたりしていました。ケンタの周りでけんかがありましたが、それを止めようとしませんでした。そしてまた、お腹が空いてきたのか、ナッツを食べ始めました。

そのとき、チンパンジーの子どもがナッツを取ろうとしたので、ケンタは追い払いました。

このことから、ケンタの性格は、怠《なま》け者で欲《よく》張《ば》りだけど、リーダーの自覚が持てるようになればいいと思いました。

吉原　よく見てますよ。

ケンタはボスになってまだ二年目なんです。みんなが言っていたように、けんかがあったらケンタが行ってやはり止めないといけないし、小さい子が来たときに追い払うのではなくて、やさしくして

やらなくちゃいけない。
　これからケンタに、「おまえそんなふうに見られてるんだぞ」って、君たちの発表をようく聞かせて、がんばるように言ってやるから。
　どうもありがとう。

子どもたちからケンタへの手紙

男子　ケンタ君、この前はとてもおもしろかったよ。チンパンジー社会もきびしいね。でも、くじけてはだめだよ。
　ところでケンタ君、もっとリーダーの自覚をもたないとだめだよ。けんかがあったら、すぐ止めなきゃ。あと、みんなに食べ物をゆずってあげなきゃね。まあ、吉原さんに迷惑をかけないように気をつけてね。

男子　ケンタ君は元気でいいんだけど、元ボスのジョーみたいに、やさしい心をもってほかのチンパンジーをまとめられるようなボスに成長してくれよ。君の成長に期待しているよ。

女子　先日、君を見学していたけど、君のほうでも「なんだ、あれ」って感じで見てたんじゃないかなと思うけど。そのうち、また見に来るから、ちゃんと成長していてね。

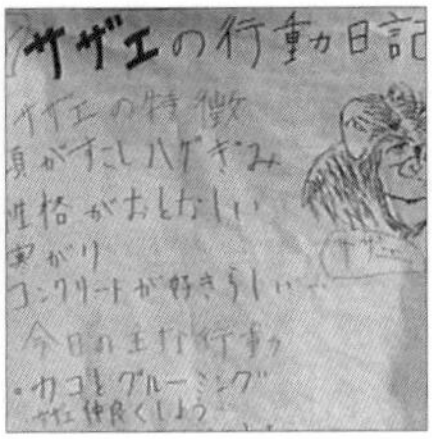

サザエの行動日記

——わたしたちは、サザエを観察しました。観察の結果、サザエの特徴、行動、気持ちがわかりました。

サザエの特徴は、頭が少しはげ気味で、寒がりです。サザエはおとなしい性格で、コンクリートの場所が好きみたいです。

今日のサザエの主な行動は、わたしたちが最初に見たときは、カコとグルーミングをやっていました。これはたぶん仲良くしようとか、これからもよろしくだとかをグルーミングで表していたものと思われます。

観察していたなかでいちばんびっくりした出来事は、突然ケリーがサザエを蹴《け》ったことです。見ていると、とても痛そうで、かわいそうに思いました。

その他の行動は、葉っぱを食べては寝ての繰《く》り返《かえ》しでした。

よくわかったことは、サザエがとてものんきだということです。

コンクリートを選んで歩く

吉原　サザエさんはもともとこの群れにいたのではなくて、福岡の動物園から来て五、六年しか経っていません。だから、ちょっとみんなから仲間外れになることがあります。そんなときにカコちゃんや小さい子が来て、遊んでくれます。

それから、本当にサザエは土が嫌《きら》いです。ぐちゃぐちゃになった土の上を歩きたくないから、コンクリートの部分を探して歩いています。よく見ていますね。

子どもたちからサザエへの手紙

女子　サザエ、元気？　聞けば、多摩に来てまだ五、六年しかたってないんだって？　まだみんなとはあまり親しくなれていないみたいだけど、もう少しすれば仲よくなれるよ。がんばって！

女子　サザエはあんまり動かないし、他のチンパンジーの中にも入ってないけど、のんきなところがとてもいいと思います。

サザエには、一年でも半年でも一か月でも一日でも一時間でも一分でも一秒でも早く、群れになれてほしいとわたしは思っています。

サザエ、ファイト！　強気でゴー！

男子　いじけんな、がんばれ！　いつか、みんな、君のことを認めてくれるまでがんばれ！

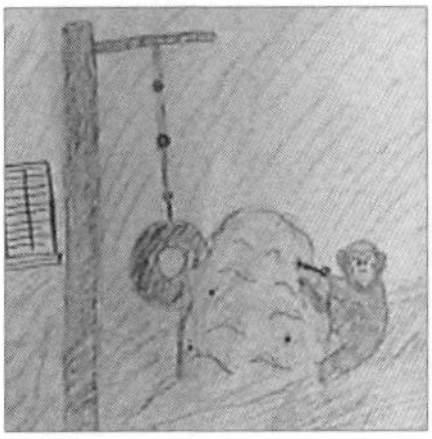

トムの行動・紙芝居

――ぼくたちは、トムの行動を調べました。

トムはやんちゃだけど、甘《あま》えん坊《ぼう》の赤ちゃんチンパンジーです。

トムはお母さんが大好きなので、いっしょに行動したり、グルーミングをしてもらったりしています。しかし、トムはやんちゃなので単独行動もします。

トムは、お母さんといっしょにジュースをなめに行きました。枝を拾って行ったのですが、その枝をカコが取ってしまうのです。

もう一度、枝を拾ってきてまた、なめようとしました。ところが、またカコが取るのです。しょうがないので、木に登ってふくれていました。しかし、だれもかまってくれません。

トムは言いました、「だれか何か言ってくれ」。返事はありません。

つまらなくなったトムは、木から下りて、葉っぱを食べ始めました。「おいしいなあ」。その後近づいて来たカコを、トムはぶってしまいました。カコは怒って追いかけましたが、トムは逃げ切りまし

た。

それから、少し歩くと、つい、こけてしまいました。「痛かねえや」。トムは怒りながら運動場内を歩き回りました。

吉原先生がパイナップルを落としてくれました。ところが、トムは背が低くて取れません。トムは「見てるだけー」と叫んで、アスレチックの方にいきました。でも、やっぱり食べたいので、パイナップルを持っているチンパンジーに「くれ、くれ」とねだりました。すると、おこぼれが落ちてきました。「イヒ」。トムはそう言うと、もらって食べました。

すると、ケリーおじさんが近寄ってきて、グルーミングをしてくれました。その後に、鬼《おに》ごっこをしました。なかなか追いつかなかったので、トムは「ケリーおじさん、手加減《てかげん》してよ」と言いました。ケリーおじさんとはとても仲良しです。

それが終わると、トムはスライディングでんぐり返しをして、「決まった！」と言いました。

いろいろなことをしたら、なんだかお腹《なか》が空《す》いてきてしまいました。「お腹減《へ》ったなあ」。落ちていた葉っぱを食べました。でも、もっと好きなのが、ジュースです。「うまいっ、やっぱりこれがいちばんだな」、と思ったトムでした。

吉原　先取り特権は、大人になるにつれて覚えていくので、子どものときは他の人が持っているものを、ちょっと取ってしまったりします。それを怒られたりしながら、人が持っているものは取ってはいけないということを覚えます。

チンパンジーは、遊びをします。トムとケリーが追いかけっこしたり。捕《つか》まえたら、今度は追いかけられる側になる。鬼ごっこができるんです。

子どもたちからトムへの手紙

男子　ぼくは、君をずーっと見ていました。君のいいところは、元気がいいこと！　大きくなったら、ボスになれるようにがんばって。でも、他のチンパンジーには優しくしなきゃダメ。吉原先輩の言うことをよく聞いて、強く優しいチンパンジーになってください。

男子　トム君は、いつもやんちゃで、かわいいですね。ほんのわずかな時間でしたけど、トムの性格はよく出ていて、よくわかりました。これからもやんちゃでかわいいトム君でいてください。

子どもたちからカコへの手紙

女子　わたしはカコちゃんを観察したとき、元気で明るい子なんだなと思った。けど、少しあまえんぼうだね。いつもお母さんにおぶってもらったりしているところはとてもかわいいね。カコちゃんより小さいトムくんがいたずらをしてもたたいたりしても、けっしてぶちかえしたりしないから、とてもあたまがいいんだなと感心しました。自分のことは自分でやったり、いろんなことができてすごいなと思いながら観察していました。いつまでも元気で、やさしいカコちゃんでいてください。

子どもたちからペコへの手紙

女子　ペコさんのおかげで、チンパンジーのことがすきになりました。ペコさんの子どもコースケは、とてもかわいいですね。ペコさんがコースケを歩かせようとしているところは、わたしはもっと見ていたいと思いました。これからもコースケとなかよくしてください。

男子　ペコさんの生活を観察させていただきましてありがとうございました。ぼくはペコさんより年が下なのでえらそうなことは言えないんですが、一つ忠告したいことがあります。あまりありづか

石器を使うカコ

ペコ、おいで

ビッキーにあげないペコ

授乳中もアリ塚

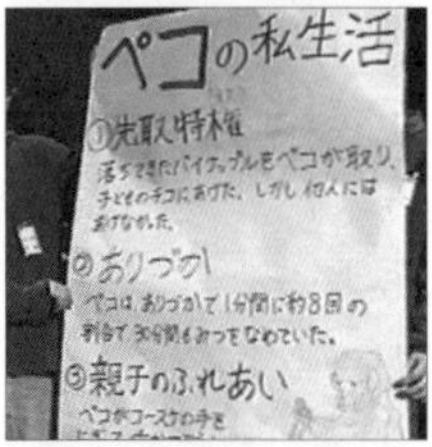

のジュースばかり飲んでいると太りますよ。少しは運動したほうがいいんじゃないですか？　お体に気をつけて。またいつかお会いしましょう。

女子　ペコは、コースケ君の子育てをがんばっていますか？　ペコは、ありづかジュースをお腹いっぱい飲んでいましたね。お腹すいてたのカナ？　コースケ君が一人前のオスになるように、子育てがんばってね。

（ペコはアリ塚で一分に八回くらいの割合で三〇分間もみつをなめていました。——発表で）

子どもたちからラッキーへの手紙

男子　ラッキーは、少しさみしそうでしたね。もっと明るいラッキーになってください。また動物園に行ったら会いに行きます。

男子　ラッキー、お元気ですか？　よくみんなといっしょにあそんでいるかい？　ラッキー君はけっこうやさしくて、かわいくて、いいチンパンジーです。

男子　このあいだはひとりぼっちでさみしそうだったけど、これからは明るいラッキーでいてください。

女子　ラッキー君は、こないだバナナをとって一人で食べてましたね。でもあのときラッキーがバナナをあげたんじゃなくて、本当は皮を落としちゃったんだよね。またいつかラッキー君に会いたいな、と思いました。

子どもたちからケリーへの手紙

男子　ケリー君は、元気でいたずらっこ。サザエさんのことをボコボコやっていたけど、吉原先輩は〝なかまにいれようとしている〟と言っていた。あんなにやさしい先輩がいて、いいねー。君も根はやさしいんじゃないんですか？　ケリー君、君ならボスになれるかもしれないよ！　早く大人になってボスになれるようにがんばれー！

男子　ケリーくん、きみはすこしらんぼうすぎるぞ！　子どもと遊ぶのはいいけど、サザエをふむのはやめなさい。みんなとなかよく、楽しくすごしてください。

女子　こんにちは。お元気ですか？　ケリー君の性格や好きなものなどよくわかりました。性格は元気でやんちゃ。少しイジワルみたいなところもあるけど、とってもやさしいです。好きなものは

ケリー

ケリーの絵

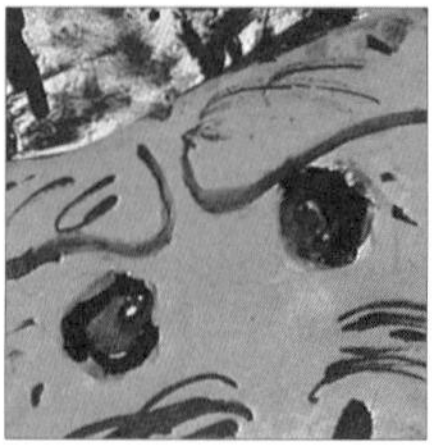

自分のことや食べ物より、小さな子です。これからもみんなと仲よくして、元気でいてください。また多摩動物園で会いましょう。

吉原　（発表のケリーの絵を指して）その絵、すごくよく描《か》けてるよね。あの目だね。チンパンジーの目って、みんなの白い部分がこのように茶色いのね。よく描けてるよ。ケリーくんらしいよ。いたずら小僧《こぞう》のケリーって顔しています。

発表が終わって

吉原　みなさんどうでした？　自分たちが見てきたものや、みなさんが今発表してくれたものを聞いて、チンパンジーっておもしろい動物だと思ったかな？

彼らの気持ちがよくわかったでしょ。パイナップルを持っているやつが「ちょうだいちょ

うだい」と言われると、「しょうがないな、やるか」というのは、そのまんませりふがつけられるよね。それがとてもおもしろかったですね。

わたしの場合は、幼稚園のころから動物が好きで、飼育係になりたいなと思っていましたので、そういう道を選んで、大学へ行くときも迷わずに理学部を選び、希望どおりに飼育係になれました。

みんなも、できれば自分の好きなことを見つけて、やりたい仕事につけるように、一生懸命勉強したりして、暮らせていけたら、こんないいことないと思いますね。そうすれば、きっと、勉強も楽しくなるよ。

みんなの好きなことをやれるのが、いちばんいい人生だと、わたしは思うな。

今度動物園に来たら、三〇分、一時間と、一つの動物を観察すると、チンパンジーでなくても、とてもおもしろいと思います。

中学生や高校生になっても、動物園には吉原という先輩がいるんだから、いつでも来てください。

どうもありがとうございました。（拍手）

授業後　子どもたちからの手紙

女子　じっさいに動物園へ行ってチンパンジーを見たら、しぐさや表情などすごくかわいかった。ガーネットも小さくて、人間の赤ちゃんそっくりで、とっても印象に残りました。今後、多摩動物園へ行ったときは、絶対にチンパンジーを見に行きます。

男子　チンパンジーとサルの違いなんてぜんぜん知りませんでした。いちばん驚いたのは、チンパンジーの力です。その強い力がなければ、直接触れ合いたかったです。

男子　チンパンジーが心と心で話しているのがよくわかりました。ガーネットは、生まれたばかりだけど、ちゃんと目があいていて、人間みたいにおむつをはいていて、すごくかわいかったです。きっとりっぱなチンパンジーになると思います。

男子　くわしい説明をありがとうございました。いちばんびっくりしたことは、チンパンジーの鳴き方です。また、グルーミングで意志を伝えるなんてすごいと思いました。

女子　先輩の仕事は、チンパンジーと心がつうじあわないとできないんですよね。こんな大変な仕事を先輩はやってらっしゃるなんて、すごいです。わたしにはとても無理そうです。

女子　わたしは「大」がつくほど動物好きなので、本当に貴重な体験ができました。ありがとうございました。

女子　ちゃんとルールを守っていて、あんなに頭がいいとは思いませんでした。感激しました。チンパンジーをこわい動物と思ってたら、とてもやさしい動物でした。わたしもチンパンジーみたいに頭がよくなりたい。

男子　初めてチンパンジーを見ましたけど、本当に頭がいいんですね。それに人間もチンパンジーも、赤ちゃんはすごくかわいいですね。チンパンジーの世話、がんばってください。

女子　人間とよく似ているという話はなんだか不思議でした。観察して、動作を見ていると、よくわかりました。いちばん驚いたのは、木の実を食べるとき、人間と同じように道具が使えることでした。

男子　仲がいいチンパンジーどうしがグルーミングでわかるなんてすごいと思いました。手話や機械を使って会話ができるチンパンジーがいるのもすごい。

男子　ガーネットは、はやく大きくなってくれるといいですね。

男子　その後、ケンタ君の様子はどうですか？　元気にしているでしょうか？　ケンタ君はなまけ者でよくばりですが、ジョーのように立派なリーダーになればいいですね。

女子　わたしはチンパンジーはけっこう小さいものだと思っていたので、びっくりしました。サルではなく、ヒトに近いものだとわかって、とてもうれしいです。

男子　チンパンジーの社会にもルールがあることがわかりました。今度、他の動物園へ行ったら、そこの群れがちゃんとルールを守っているか、じっくり観察してみようと思います。

女子　今まで動物園で動物を見ても、「かわいいー」とか、ただ見てるという感じでした。吉原先輩の話を聞いて、動物たちの見方が変わって、動物園へ行く楽しみがふえたようで、うれしいです。

インタビュー

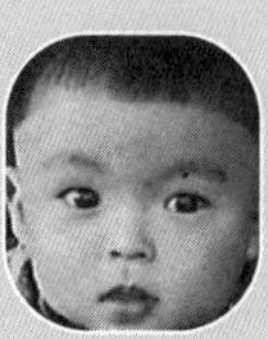

インタビュー

――吉原さんが生まれたのは、今の自由が丘辺りなんですか？

そうです。三〇年ぐらいはそこで暮らしていました。

――小さいときはどんなお子さんだったんですか？

まあ、腕白《わんぱく》だったんじゃないかな。

――戦後すぐあたりですと、さしずめ「お山の大将」というところですか？

自由が丘も、それこそ目黒通りでゴロベースをやったり。目黒通りから向こうはネギ畑や麦畑でした。緑ヶ丘小学校のすぐ裏もネギ畑で、よくヤンマ（トンボ）釣《つ》りに行きました。山の手でも自然の多いところでした。

――特にそういう遊びが好きだったんですか？

大好きだったね。昔は子どもたちが集まってきて、みんなでワーワー遊んだものだったからね。

中学生ぐらいのガキ大将がいて、下は三歳ぐらいまでが交《ま》ざって遊んでいたから。

——小学校のころの思い出は？

思い出……。

——初恋をしたとか、すごいいじめっ子がいたとか。

いじめてたな。まあ、いじめっ子がいればかばう子もいたから、集団でうまく暮らしていたね。

——先生の思い出は？

今考えれば、とてもいい先生でした。視聴覚《しちょうかく》に凝《こ》っていて、よく映画を見せてくれて。今でもクラス会をやりますよ。

——昆虫なんかは遊びの中で出会っていたと思うんですけど、もうちょっと何かな、動物ものシートンを読むとか……そういうことはなかったんですか？

小学校の四年生に上がるときに、始業式の日に大掃除《おおそうじ》をするんだよね。昔は木造校舎で階段には油をひいていました。わたしは両方の手にバケツを持ってその階段を上っていたら、いちばん上から落っこったんだよね。ドーンと、途中の踊《おど》り場《ば》まで。バケツの水が全部かかりました。

家に帰ってから、夜、すごい高熱が出て、「肺炎《はいえん》だろう」ということで治療《ちりょう》してもらったんですが、肺炎ではなくて、背中を打っていたものですから外傷性肋膜炎《がいしょうせいろくまくえん》だったんです。それが原因で一年間学校を休学していたんです。

学校に行けなかったときに、毎日毎日、本を読みました。そのころに『ファーブル昆虫記』とかを読みました。それが自分の原点になっているんじゃないかな。

——他にありますか?

『シートン動物記』も。あとは、伝記ものを読んでいました。科学者の伝記とか。小さいときは科学者になろうと思っていましたから。動物学者にね。

——特に好きな動物とかはありましたか?

それはないです。でも、幼稚園のころから動物学者になるか、動物園の飼育係になるかという感じでした。

わたしが子どものころに、上野動物園に古賀園長というすごい著名な人がいて、それで、子どもながらに飼育係になるというよりは、動物園の古賀さんに憧《あこが》れていたんだと思います。その反面、動物学者になるんだという気持ちもあったので、生物学・動物学を選んで勉強してきたわけです。

――わりとその思いはずっと続いていた?

そうですね。だから、大学に入るときは迷わずに理学部の生物、それも動物というふうに選んでいますから。

――大学ぐらいになると、自分の専門動物をしぼっていくわけですよね。

動物生態学《どうぶつせいたいがく》というものがやりたかったですね。今でこそ動物生態学は花形なんですが、わたしがやり始めたころは「あんなの学問じゃない」という感じでした。専門家とアマチュアとの差があまりないような学問でした。

金華山《きんかざん》でシカの研究をやったのですが、そこにはシカの好きな同好会みたいな人たちがいて、その人たちのほうがよっぽどわたしなんかより、シカのことは知っていた。だけどもともと違うんですね。わたしにはシカというのは学問の材料であって、それを基《もと》にして生態学という学問をやるわけです。だから、どの動物が好きとか嫌いとかいうのはないんです。

多摩動物公園に入って、最初はクマとかシカとかをやらされました。それは大学でシカをやっていたから、ということでシカをやらされる。

——それがどういうわけで、このチンパンジーとつき合うようになったのですか？

シカとかクマをやっていたのですが、そのとき大きなクマがいたんです。タケゴウっていうヒグマが。ヒグマは扉《とびら》を開けることができる。扉を開けて出ようとしたクマがいたので、わたしは扉を閉めようとしたんです。そうしたら、ポーンとぶっ飛ばされて、腰《こし》がゴキっといっちゃったんです。それで三か月ぐらい寝ていました。

それで「吉原は大型動物とか草食動物はやらせられない」。餌《えさ》が重いからね。「あいつはチンパンジーなら、なんか使えんじゃねえか」ということで、チンパンジーに連れてこられました。そうしたら性に合ってたね（笑い）。

——最初は「チンパンジー」って言われたときは、「いや、まいったなあ」という感じだったんですか？

いや、そんな気はあまりしなかったです。おもしろそうだなと思いました。で、ここに来たらまいったんだ。すごいんだもの。ジョーが最盛期《さいせいき》ですごい元気なんだから。ドカンドカンやるし、唾《つば》はかけてくるし。

チンパンジーをやるのは、子どものころにガキ大将だったような人のほうがいいんですよ。

怒るときにはきちんと怒《おこ》って、褒《ほ》めるときにはきちんと褒めてやる。大きな声が出せたほうがいいですね。チンパンジーたちも、今怒られてる、今褒められてるというのがよくわかるから。

大きな声が出せれば助かることもあるじゃないですか。何かやられたときに、バッて声が出せる。名前でも何でもいいんです。大きな声で名前を呼ぶだけでも、相手は一瞬《いっしゅん》ひるみますから。

わたしは、ジョーといっしょに二七年ぐらいやってきたわけです。そういう意味では本当に友だちだし、相棒《あいぼう》だし。

チンパンジーは動物なんですけど、つき合ってくると人間みたいな感情があるし、こっちの言っていることはみんなわかっているし。わかっていながら言うことを聞かなかったり、とぼけたり、いろいろするから。

ここには二一頭いますが、それぞれに個性があります。パッと会ったときのフィーリングで、こいつ合うやつ、合わないやつ、がわかります。

今わたしがいちばん上にいるので、仕方なく言うことを聞いているのもいるんだよ。ベロみたいに心の底から「はい」と言うのもいるし。「もの持ってこい」と言えばすぐわかるからね。「やりゃあいいんでしょ」というのもいるし。

——ジョーと最初に出会ったころの話をうかがいたいんですが。仲が深まったきっかけとか、「なるほど」と思ったりする具体的なエピソードはありますか?

ジョーとはわりと初めからスムーズにいっているので、あんまりないんだよね。メスのほうが意地悪いのがいっぱいいるから。オスはわりと単純で。メスには、おばさんたちにはずいぶんいじめられたからね。そういうときには、ジョーにはずいぶん助けてもらったよ。

オスは群れのリーダーとしてここにいるので、新米の飼育係が来てもジョーがいじめるということはなかった。逆に、メスが意地悪しているのを「いいかげんに言うこと聞いてやれよ」という感じだったよね。そういう意味ではいいオスだったよ。

——意地悪というのは例えば?

朝、部屋の前に行って「握手《あくしゅ》してちょうだい」と言っても握手してくれない。握手してくれるなあと思ったら、それは相手の手を摑《つか》んじゃおうというふうに狙《ねら》っているわけだから。それから、夜寝るときに使った夜具《やぐ》を朝、「出しなさい」と言っても、聞こえているくせに、何度頼《たの》んでもかぶったままぜんぜん起きてこないし。お願いしてお願いして、やっと起きてきたから、出してくれるのかと思ったら、スーッと出してピャッって引っ込めるんだよ。笑ってんだよ、目で。くやしいぜえ。相手は動物だからねえ、その動物がそういうことをやって人間を笑うわけだから。目で笑ってんだよね、「ざまあみろ」って。

チンパンジーの担当に来る人たちはみんなそうなんだけど、最初の三か月ぐらいはチンパンジーの顔が夢に出てくるもんね。憎《にく》らしい顔が。夢の中でまでいじめられるから。それをだんだん克服していくと、逆に今度は、はまるよね。

――合わないと胃《い》が痛くなって、朝来られないとか……。

それは、もう、たまらないですよ。うまくいかなかったら地獄《じごく》だよ。朝来たってだれも言うこと聞いてくれないんだから。「出ろ」と言ったって出て行かない、「入れ」って言ったって入らない。「ヨーグルトをあげるからおいで」と言ったって来ないから。「おまえのヨーグルトなんか食うか」ってんだから、たまらないよね。

夜具だって持ってきてくれるんならまだいいよね。あんまり「出せ出せ」ってしつこいと、シュート（階段下の廊下《ろうか》）にポーンと放るんだから。「出しゃいいんでしょ」ってぜんぜん違うところに出すんだから。

――お話を伺っていると、そういう関係になってくるのは、最初のうちにシカの研究をしていたときとか、動物生態学をやろうとしていたレベルとはすごく違うかたちで、生き物たちとつき合うことになってきたわけですね。

そうですね。大学院にいたときの動物に対するものは、材料としてでした。それはシカであってもクマでもサルでも何でもいいわけです。ところがここへ来て、生で毎日毎日飼育するということになると、そういうわけにはいかなくなります。体ごとぶつかっていかないと飼えないから。そりゃ、力ではかなわないんだけど、やっぱり「体を張って」という感じです。

ジョーだって言うことを聞かないときは、こちらだって本気になって怒っているし。怒ったって鉄格子がありますから、わたしがせいぜい鉄格子を蹴飛《けと》ばすだけでも気迫《きはく》は通じていきますから。

そのかわり、わたしが部屋の中では、一対一でわたしのほうがジョーよりも上です。だけど、この運動場に出てきた場合は、ここは今で言えばケンタ、昔で言えばジョーが仕切っている社会なので、外からチンパンジーに何かを言うということは一切しませんでした。それはやっぱりジョーに対する礼儀《れいぎ》だと思うから。わたしが外から「サチコ、やめろ」とか「ミミーけんかすんな」とかって言ったんじゃ、ジョーの顔、丸つぶれですから。相手を尊重しながらやったので、うまくやれたし、仲良くなれたんだと思いますよ。

わたしはどのチンパンジーの部屋の中にでも入れるんです。でも、一〇年も一五年も部屋に入ったことのないのがいっぱいいるんです。でも、入ることはできるんです。それはそれだけの信頼《しんらい》がずっとあるから。

この子はどういう子なのかというのを、ちゃんと見ておかないといけない。チンパンジーもいろんなのがいますから、いきなり叱《しか》っても大丈夫なのもいれば、ちゃんと理路整然《りろせいぜん》と説明したほうがいいのもいる。また、いきなりぶんなぐっちゃっても大丈夫なのもいるわけ。個体識別《こたいしきべつ》ができていないと、ここはだめなんです。それがわかったうえでつき合わないと。

——ジョーのほうも、そういう吉原さんとつき合っていくことで、ここの村づくりに対しても変わってきたんですかね?

そう思いますけど。いやなやつだと思っていたかもしれないし、そりゃわからんよ。まあ、長いつき合いだったからね。いっしょに酒も飲んだし。

——これまでの二七年間にいろんな波があったと思うんですけど、「もうやめちゃおう」とそれはないね。最初は本当にいやだなと思ったけど、それを乗り越えてくると大丈夫だね。

――その中でもいちばんつらい時期とか出来事というのは？

ジョーが、一時期ノイローゼになっていたときはちょっとね。

――お酒をあげたときですか？

そうです。元気がなくなっちゃって、部屋から外へ出て行かなくなって。「おまえはボスなんだからがんばって今日もまとめてこい」って言うんだけど、出勤拒否《しゅつきんきょひ》になっちゃって、それがまいったよね。気《き》の毒《どく》だったね。

やっぱり何年もボスをやってきたわけだから、疲《つか》れちゃうんだよね。メスたちはちょっとしたことですぐけんかするし。それを取り仕切らなくちゃならないから、大変なんだ。気苦《きぐ》労《ろう》がね。

それが、「晩酌《ばんしゃく》」というかたちでうまくいったんだと思いますよ。

今になって思えば、アルコール、まあ、ウイスキーなんですけど、ハチミツのお湯割りでコップ二杯ぐらい飲ませました。そうするとよく寝るんだよね。ジョーのところに行って「今日もご苦労さん。明日は元気で出ていきなよ、おまえがボスなんだから」という一つの心《しん》理療法《りりょうほう》って言ったら大げさだけど、一つのサイコセラピーだったとは思っています。

——そのジョーが、昨年急に亡くなって、それは一つの時代が終わったという感じだったんでしょうか?

まあね。長いつきあいだったけど。このチンパンジー村としても、一つの区切りがついて新しい時代に移っていくのかなという感じがします。

今は、ケンタですね。ボスにするためにケンタをこの群れに入れたわけですから。一五年前に、「一五年後のジョーってどうなっちゃうんだろ。村はどうなっちゃうんだろう」というのを考えたときに、ジョーの引退《いんたい》の時期は必ず来るだろうから、そのときにどこかから大人のオスを連れてきてボスにしてもいいんですが、それよりは、子どものオスを入れてそれを育てながら、ジョーが群れを管理している姿を見せればいいわけです。そうすればジョーが引退したときにいいボスになってくれるのではないか、と思って入れたのがケンタです。血《けつ》縁的《えんてき》にもぜんぜん問題がないわけですから。

一五年前に計画を立てた。ジョーの引退というシナリオを書いたわけです。それはうまくいったわけです。ケンタが勢力をのばしてきて、ジョーが「ごめんなさい、じゃあ、隠居《いんきょ》しますと」と言って、ケンタがボスになった。わたしが書いたシナリオどおりになったわけですが、「あんな若造《わかぞう》に、もうちょっとジョー、がんばれや」という気持ちもわたしにはありました。それは、非常に複雑でした。

ジョーは政権交代《せいけんこうたい》をして一年ほどで死んでしまったわけですから、もうちょっと老後《ろうご》を考えてやりたかったな。

——今、吉原さんたちがなさっているお仕事というのは、どういうことでしょうか？　つまり、自然の中に放っておけばあるものなのに、それを動物園という場所に連れてきて、そこでもう一回、彼らの社会をつくるというようなお仕事は、どういうことをなさっているんでしょう……。

それはとっても難しい部分ですよね。そういう問題になってくると動物園そのものの存在という問題になってきます。上野動物園には昨年は三億人目のお客さんが入っています。こんなにも多くの子どもたちがゴリラを見たりライオンを見たりチンパンジーを見たり、生の動物を見る。

ここにいるチンパンジーなどの動物たちは、ある意味じゃ自然界からの使者みたいなものだから、そういう役目を担ってきているので、みんなに見てもらって、「チンパンジーってあんなに大きいんだ」とか。それはそれで、役目を持っていると思います。

だから、わたしたちがやってやれるのは、ここで暮らす以上は幸せに暮らせるようにしてやる。多摩動物公園では〇歳から四三歳までのチンパンジーが、野生の群れをそっくりそのまま持ってきたような構成で暮らしています。野生なら木であありツタであるところが、ここでは丸太とロープでやってるんだけど、それでも丸太に登るとか、ロープを伝って遊ぶとか、そういう運動能力も見せられるし、チンパンジーも楽しめるし。

それから、知的な作業として、人工アリ塚みたいなものも置いてある。

野生の生活がいくらかでもここに取り入れられれば、それはそれでいいんじゃないかと思う。

逆に、「じゃあ、やめるから」といって、アフリカにここのチンパンジーを返すわけにはいきません。リハビリをしなければとてもじゃないけどアフリカの自然の中には戻れません。それはある種の宿命だろうと思います。

かわいそう、というふうに思えばかわいそうかもしれないが、人間だってたいして広いところにいるわけじゃないし、狭い範囲にいるんだから。野生のチンパンジーだってそんなにはるか遠くまでいけるわけではなくて、ある限られた範囲の中で暮らしているわけですし。

——そういうふうに、人間だけで生きているんじゃなくて、今回こういうふうに見ていて、お話を伺うだけでも、よくわかるし、非常におもしろいなと思いました。逆に自然の中では絶対に見られないわけですし。すばらしい仕事だなと思いました。

そういうふうに見ていただければね。動物園って、一つのところに止まって、三〇分間ぐらいじっと見ているとおもしろいですよ。いろいろなものが見えてきて。チンパンジーだってゾウだって。

漫画なんかでは、ゾウがドシンドシンって足音を立てて歩いていますが、そこへ立って見ていてごらんなさい。ゾウなんか絶対足音立てませんから。

チンパンジーだってだれとだれが親子で、甘《あま》やかしているお母さんもいれば、非常に厳《きび》しく育てているお母さんもいる。そういうのが見えてくれば、それは非常におもしろいんじゃないですか。

――ここに数日来ただけでも、もうはまりかけてきました。どのチンパンジーがどうしたっていうのばっかり気になって。

授業の場

東京都目黒区立緑ヶ丘小学校

緑ヶ丘小学校は、吉原さんが「小学校とはとても思えない」と、母校の姿に驚いたほど、近代的な建築の校舎である。総工事費一四億六〇〇〇万円をかけ、歳月も足掛け七年かけて、一九九六年に現在の姿が完成した。

一九三七（昭和一二）年、尋常小学校として開校、その後、国民学校に改称、一九四七（昭和二二）年に現在の校名となる。二〇〇〇年度の全校クラスは、七。全校児童数は二三五人。

地域に開かれた未来校舎

この未来的新校舎の計画の目的の一つには、学校施設の地域への開放の取り組みがある。屋内運動場、開閉式上屋プールは、年間を通して地域住民が利用できるなど、早くから、学校体育施設の先駆的存在となった。特別教室や体育館なども地域開放できるように計画され、生涯学習社会に対応するよう考えられた。

従来のような校門はなく、校舎デザインは、透明ガラスを多用し、明るいイメージを持つ。ラウンジには、赤外線ヒーターが備えられている。多目的室の一部は和室で、茶道、華道にも利用できるし、この和室を舞台にして演劇などもできる。

その他、スロープ、エレベーターも完備し、バリアフリーの環境が整えられている。

今回の課外授業の場となった教室は、オープン

スペースタイプで、温水床暖房が導入されている。また、給食時には、八〇人が同時に食事のとれる特別のランチルームも利用できる。

コンピュータが配備されたメディアセンター（図書室とコンピュータ室）もある。

全国注目のビオトープ

新校舎建築計画のときに予定されていた北校舎の建築が中止になったことにより、その予定地利用が考えられた。

建築中に出た土砂などを利用し、生物池、樹林、築山がつくられ、そこに湿地植物などが植えられた。栽培、採集、昆虫観察など、年間を通じた野外観察活動が行われている。

この活動は、全国の注目を集めて、各地からの見学者も多い。

全景

プール

食堂

和室

語らいの空間

ＮＨＫ「課外授業 ようこそ先輩」制作グループ
〈番組名〉チンパンジーが先生になった!?

制作統括	橋詰　晴男
	坂上　達夫
プロデューサー	白木　芳弘
演出	山田　礼於
ナレーション	ラサール石井
撮影	長田　勇
	桑野　康一
共同制作	ＮＨＫ
	ＮＨＫエンタープライズ21
	オルタスジャパン

装幀／後藤葉子（QUESTO）

吉原耕一郎：チンパンジーにハマった！　課外授業 ようこそ先輩　別冊

2000年6月26日　初版第1刷発行

編　者　NHK「課外授業 ようこそ先輩」制作グループ
KTC中央出版

発行人　前田哲次
発行所　KTC中央出版
〒460-0008
名古屋市中区栄1丁目22－16 ミナミビル
振替00850-6-33318　TEL052-203-0555
〒163-0230
新宿区西新宿2丁目6－1 新宿住友ビル30階
TEL03-3342-0550

編　集　(株)風　人　社
東京都世田谷区代田4－1－13－3A
〒155-0033　TEL 03-3325-3699

印　刷　図書印刷株式会社

© NHK 2000　Printed in Japan ISBN4-87758-164-2 C0095
(落丁・乱丁はお取り替えいたします)

課外授業 ようこそ先輩

全10巻

KTC中央出版

NHK「課外授業 ようこそ先輩」制作グループ・編

1

桂三枝＝落語家
落語は想像力の教科書や！

原田泰治＝画家
絵は故郷から生まれる

九重貢＝大相撲親方
負けておぼえる相撲かな

2

陳建一＝中華料理人
うまさの秘密は思いやり！

工藤美代子＝ノンフィクション作家
人間を文章にするのは面白い

森村泰昌＝美術家
名画に侵入！ 美術の不思議体験

3

篠塚建次郎＝ラリードライバー
ボクは砂漠で夢をつかんだ

野田秀樹＝舞台演出家
「勇気」は体の中にある

田嶋陽子＝大学教授
女らしさ 男らしさってなーに？

4

間寛平＝タレント
自然流生き方入門

イッセー尾形＝俳優
一人芝居でもうひとりの自分を見つけよう

池田理代子＝劇画家・声楽家
歴史は物語であふれている

日本図書館協会選定図書
日本ＰＴＡ全国協議会推薦図書

5

大場満郎＝冒険家
僕らは冒険王 迷わず進め正直の道

中村征夫＝水中写真家
生命を見つめるまなざし

荒俣宏＝作家・博物学者
この世は怪奇のワンダーランド

6

小林克也＝ＤＪ・俳優
リズムで覚える感じる英語

木村晋介＝弁護士
法律はみんなの自由のために

三國清三＝フランス料理人
お皿に描く故郷の恵み

7

増田明美＝スポーツジャーナリスト
走って 転んで また走れ！

ねじめ正一＝詩人
みんなで作ろう！ 高円寺純情詩集

佐高信＝経済評論家
ホンモノを見ぬく眼

8

岩井俊雄＝メディアアーティスト
パラパラ漫画がアートになった！

天童よしみ＝演歌歌手
心で歌え！ 演歌は浪花のど根性

川崎徹＝ＣＭディレクター
学校をコマーシャルしよう

9

藤田紘一郎＝寄生虫学者
カイチュウ博士の寄生虫はおともだち!?

大森一樹＝映画監督
映画作りは愛と正義と友情と

日比野克彦＝アーティスト
見えないものが見えてきた！

10

大石芳野＝写真家
じっと見つめて心でシャッターを

中畑清＝野球解説者
大声で…夢をつかみ捕れ！

吉原すみれ＝打楽器奏者
探せ！ たたけ！ 自分の音を

別冊　課外授業 ようこそ先輩

国境なき医師団：貫戸朋子

ハロー・自己表現 山本寛斎

小泉武夫 微生物が未来を救う

丸山浩路 クサさに賭けた男

NHK「課外授業 ようこそ先輩」制作グループ+KTC中央出版［編］

好評発売中／各冊　本体1400円+税